CONTENTS

封面故事：
麗莎與麥克．溫特在機器控制與手動操控機器人對決中一較高下

攝影：赫普．斯瓦迪雅

妝髮：瑞秋．勒斯克 rachellusk.com

字型：Desyrel字型，Apostrophic Laboratories出品

Hep Svadja, Sophy Wong, Geoff Lecke— Hidden Vision Photography, Glen Scott, Shing Yin Kohr, @EspressoBuzz

Get Smart

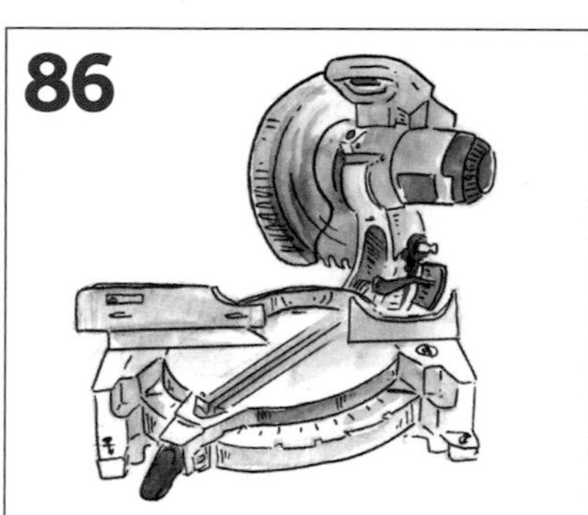

COLUMNS

FEATURES

PROJECTS

SKILL BUILDER

TOOLBOX

SHOW&TELL

國家圖書館出版品預行編目資料

Make：國際中文版／MAKER MEDIA 作；Madison 等譯
-- 初版. -- 臺北市：泰電電業，2018. 11　冊；公分
ISBN：978-986-405-060-4　（第 38 冊：平裝）
1. 生活科技
400　　107002234

Make:®

www.makezine.com.tw更新中！

國際中文版譯者

Madison：2010年開始兼職筆譯生涯，專長領域是自然、科普與行銷。

Skylar C：師大翻譯所口筆譯組研究生，現為自由譯者，相信文字的力量，認為譯者跟詩人一樣，都是「戴著腳鐐跳舞」，樂於泳渡語言的汪洋，享受推敲琢磨的樂趣。

屠建明：目前為全職譯者。身為愛丁堡大學的文學畢業生，深陷小說、戲劇的世界，但也曾主修電機，對任何科技新知都有濃烈的興趣。

張婉秦：蘇格蘭史崔克萊大學國際行銷碩士，輔大影像傳播系學士，一直在媒體與行銷界打滾，喜歡學語言，對新奇的東西毫無抵抗能力。

曾筱涵：自由譯者，喜愛文學、童書繪本、手作及科普新知。

蔡宸紘：目前於政大哲學修行中。平日往返於工作、戲劇以及一小搓的課業裡，熱衷奇異的搞笑拍子。

蔡牧言：對語言及音樂充滿熱情，是個注重運動和內在安穩的人，帶有根深蒂固的研究精神。目前主要做為譯者，同時抽空拓展投資操盤、心理諮商方面能力。

謝明珊：臺灣大學政治系國際關係組碩士。專職翻譯雜誌、電影、電視，並樂在其中，深信人就是要做自己喜歡的事。

Make：國際中文版38
（Make：Volume 63）

編者：MAKER MEDIA
總編輯：曹乙帆
主編：井楷涵
執行編輯：潘榮美
網站編輯：偕詩敏
版面構成：陳佩娟
部門經理：李幸秋
行銷主任：莊澄蓁
行銷企劃：李思萱、鄧語薇
業務副理：郭雅慧
出版：泰電電業股份有限公司
地址：臺北市中正區博愛路76號8樓
電話：（02）2381-1180
傳真：（02）2314-3621
劃撥帳號：1942-3543 泰電電業股份有限公司
網站：http://www.makezine.com.tw
總經銷：時報文化出版企業股份有限公司
電話：（02）2306-6842
地址：桃園縣龜山鄉萬壽路2段351號
印刷：時報文化出版企業股份有限公司
ISBN：978-986-405-060-4
2018年11月初版　定價260元

READER INPUT

進入Maker的改造世界
Making It Your Own

譯：謝明珊

感謝《MAKE》雜誌總是這麼棒

我是長期訂戶，一直想謝謝你們總是提供各式各樣新奇的點子。我有無數的專題都是從《MAKE》雜誌獲得靈感，但目前進行中的這個專題是我最愛的作品之一。我受上上期《MAKE》雜誌啟發，在24英寸顯示器外圍做了一個「彩虹燈箱」（原文版61期46頁，中文版36期48頁）。顯示器會連續播放由Raspberry Pi提供的曼德布洛特集合（Mandelbrot set）影像。插座支援智慧語音助理Alexa，無需動手就能開關燈箱，甚至能依照排程自動開啟。這是很棒的《MAKE》雜誌專題，能運用多年來我從《MAKE》雜誌學到的技巧，包含木工、上色、壓克力切割以及Raspberry Pi和Alexa簡易程式設計。請繼續帶來更多好點子！

——羅素・拉多夫
醫學院畢業生，電子郵件

靈感帶來創新

我喜歡《MAKE》雜誌的原因，是我能透過認識文章介紹的軟、硬體，激發出製作其他專題的靈感。我目前正在製作潮汐鐘，靈感來自一篇交通流量監控的文章（原文版59期52頁，中文版34期50頁）。標準的潮汐鐘只有在潮汐週期為6小時13分鐘（編註：從乾潮到滿潮）才能用。但這種情況很少見，所以我在專題程式中呼叫「全球潮汐API」（World Tides API）以取得所需的精確潮汐資料。要不是那篇使用Google Maps API的文章給我靈感，我也不會想出這個方法。

——馬克・威廉斯，電子郵件

Adrian Chadd
March 18 at 10:19pm

I wasn't going to re-subscribe to Make (because well, no time) but then Nora grabbed the latest copy and started asking who the girl on the cover was and questions about all the tech.

So, I just resubscribed to Make Magazine again.

Like　Comment

» **地點：**加州矯正康復局

» **對象：**《MAKE》雜誌原文版62期（中文版37期）

» **原因：**有干擾秩序、破壞設施安全的意圖。原文版52～65頁（中文版56～69頁）包含上述內容。

» **編輯表示：**間諜那期裡，那麼多的文章中，會帶來麻煩的應該不是竹蜻蜓橡皮筋直升機那篇吧！

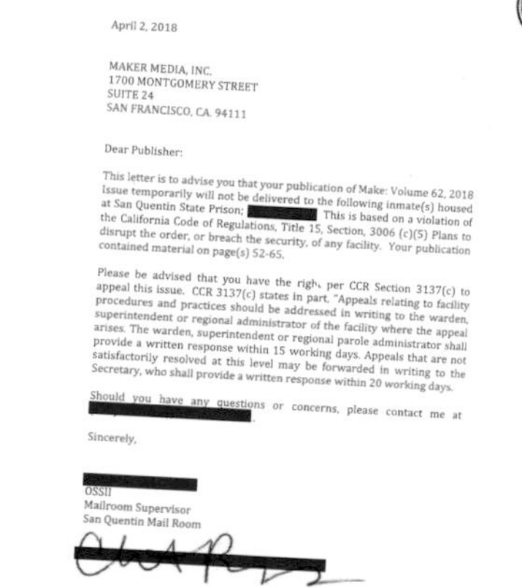

STATE OF CALIFORNIA — DEPARTMENT OF CORRECTIONS AND REHABILITATION
DIVISION OF ADULT INSTITUTIONS
CSP-San Quentin
Mailroom
San Quentin, California 94964

GERARD BROWN, GOVERNOR

April 2, 2018

MAKER MEDIA, INC.
1700 MONTGOMERY STREET
SUITE 24
SAN FRANCISCO, CA 94111

Dear Publisher:

This letter is to advise you that your publication of Make: Volume 62, 2018 Issue temporarily will not be delivered to the following inmate(s) housed at San Quentin State Prison; [redacted] This is based on a violation of the California Code of Regulations, Title 15, Section, 3006 (c)(5) Plans to disrupt the order, or breach the security, of any facility. Your publication contained material on page(s) 52-65.

Please be advised that you have the righ, per CCR Section 3137(c) to appeal this issue. CCR 3137(c) states in part, "Appeals relating to facility procedures and practices should be addressed in writing to the warden, superintendent or regional administrator of the facility where the appeal arises. The warden, superintendent or regional parole administrator shall provide a written response within 15 working days. Appeals that are not satisfactorily resolved at this level may be forwarded in writing to the Secretary, who shall provide a written response within 20 working days.

Should you have any questions or concerns, please contact me at [redacted].

Sincerely,

[redacted]
OSSII
Mailroom Supervisor
San Quentin Mail Room

Russell Radoff, Mark Williams

《MAKE》勘誤

» 《MAKE》國際中文版 **37** 期書背標題誤植為「特輯：聚焦深圳」，應為「21 世紀賽博龐克」，以封面標題為準。編輯部深感抱歉，同時也為讀者們認真仔細閱讀雜誌感到開心！請各位繼續享受閱讀的樂趣並不吝指教！

» 「不老賽博龐克」一文中（原文版 **62** 期 **24** 頁，中文版 **37** 期 **28** 頁），項目 **10**～**12** 標示錯誤，正確順序如下：第 **10** 項為 **Bus Pirate** 單板電腦、第 **11** 項為行動電話干擾器、第 **12** 項為 **Raspberry Pi** 海盜無線電。請從 **makezine.com/go/still-cyberpunk** 下載修正過的海報版本。

» 「躲貓貓」（原文版 **62** 期 **29** 頁，中文版 **37** 期 **33** 頁）一文中，將經典英國影集《密諜》誤植為 **BBC** 出品。眼尖的讀者約翰・沃克（**John Walker**）指正該影集是由 **ITC Entertainment** 製作。謝謝約翰！

DIY AI

文：戴爾．多爾蒂（《MAKE》創辦人兼執行長） 譯：蔡宸紘

在科學星期五（Science Friday）其中一集裡，艾拉．傅萊陶（Ira Flatow）訪問前太空人珊卓．馬格努斯（Sandra Magnus）。傅萊陶問她在國際太空站生活四個月半是甚麼感覺。馬格努斯回答：「太空的生活像魔法一樣神奇。」她解釋生活在微重力（編註：又稱零重力）中能讓人更懂得感恩，而且令她興奮的是，未來將有更多人能上太空。她接著補充：「知性知識（intellectual knowledge）和經驗知識（experiential knowledge）間是有差別的。」她說，你可以將微重力當作一種現象理解，但是「真正身處其中，會讓你用不同方法認識它。」馬格努斯說：「邀請有技術背景和創意發想能力的人員前進太空，讓他們深入探索微重力環境的面貌，將能拓展我們在太空發展的可能性……。」

「知識」和「經驗」的區分其實是人工智慧一項重點。1970年代，第一代的人工智慧將知識化為符號，好讓電腦像人類一樣做決策。但很快地，知識再現的複雜考倒了這群研究者，而處理需求也使當時的電腦不堪負荷。

而較近期的人工智慧進展，部分則源自於網路電腦運行速度及能力的快速成長。然而，現今的AI不像通用AI，而是偏向用來完成特定用途的工具（以物理角度而言）或是程式庫（以軟體角度而言），AI將透過數據訓練學習，並藉由回饋來改善決策能力。就視覺處理而言，AI工具或程式庫可能不需要真的知道貓或狗是什麼，就能夠區分兩者。AI經過訓練後，能在一組圖案中辨識出標記為貓或狗的特定像素排列。當遇到未標記過的圖像，AI就會以過往的訓練經驗進行決策，並可能收到誤判回饋，而得以從中學習。這就是為何人們將新一代AI與「機器學習」（machine learning）一詞畫上等號。

機器學習的方式基於經驗，這也是我們在Maker身上看到的學習方式。機器並非由程式給予命令才運作，而是在過程中不斷摸索並進步。機器學習的目標是超越人類能力所及，甚至超越程式設計師原先所給的命令。

現今有大量資金挹注AI發展，企業也擁有能用於訓練這些系統的大量數據，以及大量使用者以提供回饋。但是，我希望AI工具不要只被大型企業或資金雄厚的新創公司獨佔。當別人將AI化為資本，Maker則能使AI為大眾所用。因此我們需要DIY AI和Maker來探索各式各樣的應用。（幸好現在有許多開源AI程式庫）。麥克．溫特（Mike Winter）在「自製AI機器人」一文中提供了教學指示和一些鼓勵（見第30頁）。葛雷格．沃羅寧（Greg Voronin）則示範如何使用Mycroft AI創作互動猜拳遊戲（見第36頁）。儘管現在能達成的事看似好笑或不重要。但Maker或許能用AI處理那些未解的問題。這項科技帶來取代人類並搶奪工作機會的威脅，同時卻也能賦予所有人能力，完成過去只有少數菁英才能做的事。

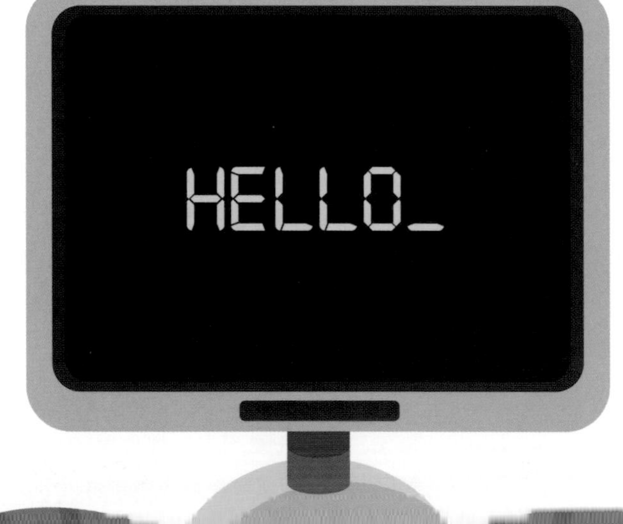

MADE ON EARTH

綜合報導全球各地精采的DIY作品

跟我們分享你知道的精采作品
editor@makezine.com.tw

譯：蔡宸紘

高貴廢材

GABRIELDISHAW.COM

儘管**蓋比瑞爾・迪蕭（Gabriel Dishaw）**用廢棄電路板和其他電子零件創作藝術，但這些雕塑早已脫離「垃圾」身分。每件作品充分將複雜的色彩圖案融為一體，許多作品更以生動且華麗之姿呈現出極客文化的某些角色。

「我是在九年級時發現自己對這種特殊藝術形式充滿熱忱，」迪蕭說。當時他的導師讓班上學生從30種不同的點子中挑選，做自己的藝術專題。其中一個名為垃圾藝術的選項深深地吸引了迪蕭，一回家便著手研究這個主題。果然一試便讓他愛上了這個藝術風格，從此開始精進自己的技巧。

「通常我在創作專題時沒有明確的計畫，」迪蕭描述自己的創作過程。「我反而會先觀察零件之間合不合，或者能否聯結到某個主題，然後讓這些物件主導配色，或是最後整體概念的定調。舉例來說，其中一件雕塑作品『站立之馬（Rearing Horse）』的靈感，是我在拆解一臺老舊計算機時想到的。其中一些零件會讓我想到馬頭。剩下的零件也就知道如何使用。」

迪蕭接著表示，比較小型的專題大約花40個小時完成，但這不包含尋找數百個零件所花掉的漫長時間。就如迪蕭所說，每件成功的雕塑品仰賴運氣的程度並不亞於對技術的要求。

——**喬丹・瑞米**

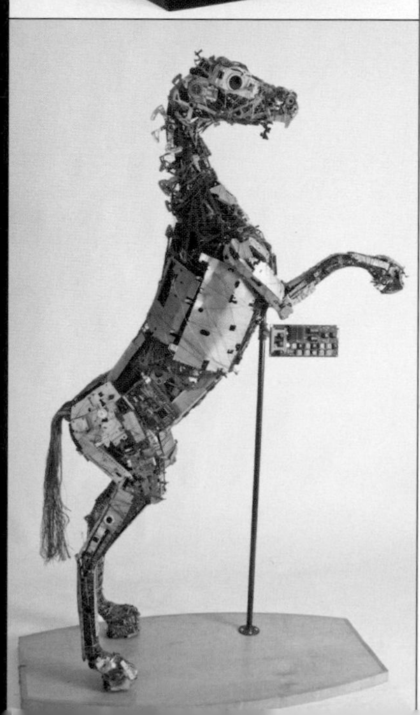

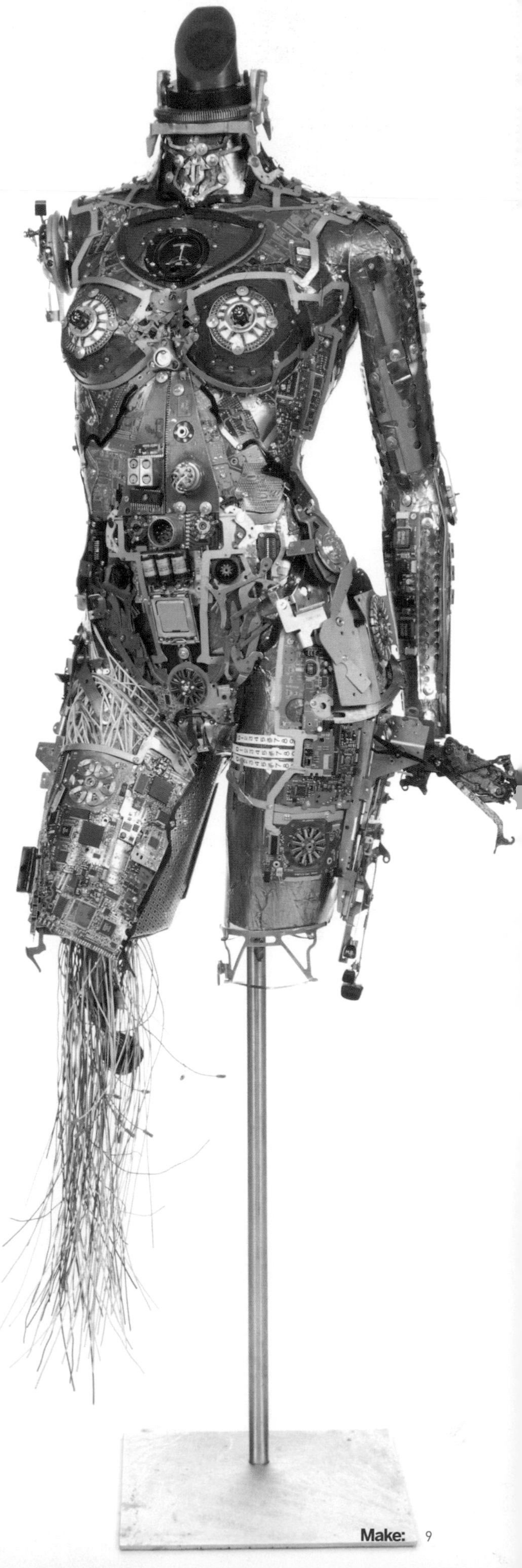

Gabriel Dishaw, Coleman Norris

譯：蔡宸紘

為牆作畫的藝術機器

SPRAYPRINTER.COM

提到大型藝術作品，最萬能的創作工具非噴漆莫屬，不僅價格便宜、極易攜帶，且噴漆能附著在幾乎所有的表面上。但如果你作畫的畫板是一臺iPad，而非紐約地下鐵車廂，你要如何讓創作走入街頭呢？「SprayPrinter」就是你的解答。

發明者**米克爾・亞拉（Mihkel Joala）**的靈感是來自於他女兒，女兒希望他在房間的牆壁畫上獨角獸的壁畫。由於米克爾沒什麼藝術細胞，他必須想出別的辦法才能完成任務。最後參考了Wii手把和汽車燃油噴射閥科技的結合技術，SprayPrinter就此誕生了。

這個工具能控制你最愛的Krylon噴漆罐來進行噴漆。並透過手機的應用程式繪製出你想在牆上創作的圖像，而配備LED的智慧噴嘴能讓應用程式追蹤位置。你只需要把噴漆罐移到所需位置，其餘的就交給特製噴漆調壓閥。

無需向乏味的單色畫妥協，因為這個設計程式會把你的獨特創作分成不同顏色圖層。想要創作更大的圖畫，或只是不想畫到手痠？SprayPrinter也能裝在許多繪圖機的龍門系統使用。

——泰勒・溫嘉納

SprayPrinter

譯：蔡宸紘

「封閉」電路

INSTRUCTABLES.COM/ID/LED-RESIN-CUBES

猶如受困於琥珀裡的昆蟲，這個作品給人一種時光凍結的感覺。纖細的電線和脆弱的水銀開關像極了一隻弱小蚊蟲的節肢和身軀。然而這個作品是活生生的電路，汲取的也不是鮮血，而是電力。

馬可斯・杜恩（Marcus Dunn）想要學習樹脂的運用，但因樹脂價格不斐，他認為從小型專題著手會比較明智。後來杜恩著迷於水銀開關（常封裝於殼內）的外型，因此這項專題誕生了。

整個電路都封裝於透明樹脂內，除了充電埠。只要輕敲即能打開或關閉電路，使LED輪流發出不同的色彩模式。

儘管已是令人驚豔的設計，杜恩仍想運用學到的經驗和新點子加以改良。他考慮改用小型太陽能板發電，這樣就能把整個電路完整封入樹脂塊裡了。

——卡里布・卡夫特

Marcus Dunn

WHERE THERE'S SMOKE

絢爛煙花
伴隨人們18年的火光：Flaming Lotus Girls和他們的耀眼巨作

文：喬丹·瑞米 譯：蔡牧言

喬丹·瑞米
Jordan Ramée
大部分時間都在撰寫極客（Geek）文化的文章。除了對遊戲設計和日本藝術有濃厚興趣，也很喜歡旅行世界各地，認識各行各業的創作者。

自2000年成立至今，Flaming Lotus Girls（以下簡稱FLG）從最初的八人團隊，成長至超過100人的高人氣藝術組織。他們的團名源自於第一件作品：一朵巨型蓮花，並利用液體燃料創造出30英尺高的火焰效果，之後FLG便持續創作出令人為之瘋狂的作品：噴火特效和驚豔全場的金屬工藝作品。雖然團隊主要由女性組成，但凡是擁有創作熱情及學習渴望的人都能加入。

溫暖敞開

FLG團員稱他們的組織理念為「『做』的民主」（Do-Ocracy）。一位協助設計火焰效果及安全措施的成員，卡洛琳·「米爾斯」·米勒（Caroline "mills" Miller）說：「我們（團隊）分成兩個部分：如果你想動手製作，你就能負責設計方面；而如果你沒有缺席且保持參與，你就能做決策。」雖然能將個人意見傳達給每一位成員，感覺容易使決策陷入僵局、引起大量爭論，但這套做法已經行之有年。每項專題以腦力激盪為始，所有成員都有機會獻策，表達團隊應追尋的點子，或是值得探索的酷主題或元素。

「一旦累積了一些初步構想，我們會根據大家偏好的部分來區分成較小的組別，並開始為提案增加細節，」米勒說：「最後大致會產生三個提案，並交由所有組別進行投票，票數最多的點子就會進入最終提案提交。」在流程結束前，最終的提案往往與原先提案有著很大的差異，但大家會因為有所貢獻而感到滿意。

米勒接著解釋這套做的民主如何延伸至決策以外的層面。她說「除了實體作品的製作需求，團隊成員也會貢獻並培養出領導力及行政技能，例如募資、公關、攝影、團隊照護、物流，以及我們這類團隊所需的其他能力」。CNC工具機等特定工具和機器的提供管道，也隨每個作品而不同。而每項專題在每次展覽時都需要重新組成團隊來運送、卸貨及組裝零件。

團隊也戲稱，甚至在像是火人祭這種活動時，也需要用到「非常、非常多的試算表。」不論是哪種類型的Maker，任何人都可以為FLG貢獻心力。她們需要的可不只焊接工或煙火師傅。

點火！

FLG的每件作品都值得你細細欣賞，從「七姊妹」（Seven Sisters），靈感來自昴宿星團的一系列互動式噴火雕像，到「蛇母」（The Serpent Mother），一條長達170英尺、噴出40英尺火焰的動態雕像（見上頁）。只要按下按鈕，每件作品就會隨火起舞，使得它們在諸如火人祭或Maker Faire等活動中，成為男女老幼的最愛。

「我永遠不會忘記那一刻，我親眼見證一對情侶在我做的雕像下互許終生，」一位成員說。「或是我第一次看到FLG一名負責點火的成員大解放，加入一般民眾之中一起放聲吶喊。或是有一次，有個小女孩深呼吸做了心理準備，從我這拿走遙控器，然後與我四目相對說：『我不怕。』我們這個組織最棒的地方，就是大家都有一個共同目標：烈火永不停歇！」

野火燒不盡

因為FLG的專題非常多元（無論是塑像外型或是功能），所以人對於最棒的作品沒有共同答案。每位成員都有個人喜好，就連粉絲的回饋也沒有固定模式。但對粉絲來說，「蛇母」確實是最受歡迎的作品。即使至今已12年，人們依舊想親眼見識這項作品。

不過有些成員表示，「變形烏托邦」（Mutopia）是在火焰效果方面表現最出色的作品，詮釋了種子莢外型的生物演化史。「定音鼓黏巴達」（Tympani Lambada）則是結構工程的最佳模範，結合火焰、振動及聲響，塑造獨特的刺激感官體驗。「我們當中有些人覺得，」米勒補充：「最棒的作品其實就是這個團體以及我們的粉絲。」

「我們的作品，」她接著說：「若沒有這麼多充滿熱情和出手幫助的人，是絕對無法成功的，而這帶給我們非常大的成就感。」另一位成員這麼描述他們的團隊氣氛：「他們就像一條包覆著你的溫暖毯子，你會感受到被愛，特別是當你一頭栽入並立志全力以赴，只為了讓看似不可能的事情成真。為了創造並呈現火焰藝術而共同付出的努力，不僅是凝聚我們的力量，也是每個人生命中的一道光。」

定音鼓黏巴達

「為了創造並呈現火焰藝術而共同付出的努力，不僅是凝聚我們的力量，也是每個人生命中的一道光。」

脈動

定音鼓黏巴達

變形烏托邦

定音鼓黏巴達

Caroline Miller, Joe Dacanay, Kimberly Sikora

是時候弭平DIY 玩家與一般消費者對於「穿戴式科技」的認知差異了

身為一名「穿戴式科技」的教授，我發現這個字其實很難同一般人解釋。電子DIY社群主要著重在「時尚科技」（Fashion-Tech），以及自行設計的穿戴式裝置，其發展已與消費性穿戴式電子產品分歧。從材料到設計，兩者製作過程基本上是不同的。我認為兩者需要更積極整合。

自從Arduino LilyPad微控制器開發板問世，便為這些穿戴式DIY電子裝置開啟了一條路，讓人們能自由操作。今年它也已邁入11歲了。是時候讓這些開發板製作的創意和人性化DIY穿戴式裝置融入消費性電子產品了

DIY 玩家眼中的穿戴式科技：人體工學設計

我在多倫多的幾所大學授課，內容涵蓋時尚及賽博格領域。我會使用很多古怪又搞笑的反覆設計流程來帶領學生。

由Little Dada團隊（琳迪．威爾金斯與希拉芯．普雷德科，littledada.ca）設計的機器肢（Android Apparatus）。模特兒：凡妮塔．布特辛柯恩。

CLOTHES Minded 穿戴式科技思維

文：琳迪．威爾金斯
譯：蔡牧言

琳迪．威爾金斯 Lindy Wilkins
一名賽博格、工藝家及社群打造者，專精雷射切割、古怪的機器人及穿戴式科技。

我們傾向將重點放在大家都有的共通點：你的身體！因為教室裡所有人一定都能理解移動或穿衣服的感覺。

設計人體使用的產品，與設計螢幕、紙類或互動式空間基本上是兩回事。只要試著把電子產品綁在身上，你很快就能體會到我們平日所穿的衣服、鞋子及飾品，到底隱藏了多少設計者的心血，讓衣著完美地與我們的日常身體移動和肢體動作緊密結合。

我們研究導電織物，也學習縫製電路的方法。我們發現電子零件的形狀至關重要，因為它們屬於形狀語言（form language）的一部分，亦即在一個特定的設計情境中所出現的形狀種類。我們的身體充滿了各種圓滑的邊緣及曲線，而電子零件通常有堅硬的邊緣及尖銳處。像Adafruit Flora及Arduino LilyPad等可縫紉的電子零件，減少了電子產品與服飾之間的隔閡，並利用設計語言讓零件更貼合我們的身體，例如圓形且較為扁平的規格和可縫紉的連接點。

目前DIY玩家能取得的穿戴式科技裝置，大部分都需仰賴傳統工藝及手作技巧，才能創造出「軟」的電子零件。很少有課程能讓學生同時學習如何紡織（導電）紗線、焊接、以及自製感測器。我們的穿戴式科技課結合了傳統工藝與尖端科技，且給予學生非常大的空間，讓學生在過程中能照著自己的想法設計。他們設計的裝置常以概念性及抽象性居多，有些則是純粹的獨特時尚宣言。

消費者眼中的穿戴式科技：摩爾定律的體現

無法避免地，有人會好奇「怎麼讓它成真」。如何把手工刺繡的導電紡織品與圓形微控制器結合而成的專題，化為市面上的產品？

如果你上網搜尋「穿戴式科技」，會出現很多手錶及健身追蹤裝置，和我們在課堂裡做出來的東西有明顯不同。我認為這是穿戴式科技文化中的斷層。極大多數穿戴式產品都設置在手腕部位，因為我們覺得那樣比較舒服。至於可縫紉的零件及柔軟的電子產品往往被忽略了。

長久以來，我們總是用同樣的方式製作科技產品，不外乎就是堅硬的電路板及扁平的面板。雖然這個方式獲得了巨大的成功，但我們的身體可不覺得平的面板有多舒適。

消費性穿戴式產品的追求，比起與人體的契合度，更在意體積能做得多小。這種微型化的追求能夠成真，靠的是摩爾定律，也就是隨著電腦運算能力的進步，科技產品的體積會以驚人的速率縮小。

兩者的交會

我們開始認真地將身體視為媒介，並以使用者為主的思維來設計，也不過是過去十年的事，一部分正是因為科技裝置日益縮小。

如果我們希望科技能夠成為身體的一部分，那麼它必須設計得像身體的延伸，且同時包含美學的考量。在消費性穿戴式產品中，我們經常會看到強大的科技缺乏屬於自己的可穿戴式概念或形狀語言。例如Muse頭帶，它是個非常有趣的腦波偵測器，但對人體也有很高的侵入性，也不實用。

Kickstarter募資平臺時不時總會出現一些實驗性的提案，號稱能改變一切，但很少人能撐下來。科技的進步飛快，而我們的身體很挑剔。即使只有一丁點的不適感，也可能導致一項科技的殞落。

就穿戴式科技的技術成熟度曲線而言，我們正處於一個有趣的時間點。這條曲線代表人們隨著時間對一項新產品的狂熱程度，當曲線在初期達到高峰時，代表人們對這項產品的可能性充滿了期望。大量的創新發明，隨之而來的是大幅下滑的熱度，我們才明白這些所謂的發明，其實不如炒作說得那般好，例如Google眼鏡。只有在這個時候，我們才有辦法客觀地看待這些科技，並設計實用且廣泛被採納的產品。

高興的是，我們正脫離穿戴式產品狂熱的初階段。智慧型手錶及健身追蹤器逐漸地普及，取代了那些花俏的穿戴式電子產品。產品的美感形式也開始改變，且依循穿戴式裝置社群設計準則。像Fitbit等品牌，從傳統手錶設計轉向更渾圓、更時髦設計，像是Flex 2手環，就是在形狀語言及顯示功能之間取得平衡的例子。

但是，「硬」與「軟」電子產品社群之間仍存在一道鴻溝，使得問題懸而未決。穿戴式科技的實驗性玩家所使用的材料，幾乎不存在於市面上。很可惜地，這就是當人們以不同思維來設計電子產品時會發生的事。我認為我們可以做得更多來結合兩者。

Max Lander, Edward Ross, Lindy Wilkins

女巫的跟班（Re:Familiar）（無人機套裝） 這件作品由Little Dada團隊製作，探索人類與非人類的實體關係的可能性。無人機就像女巫身邊的妖精一樣，同時身兼僕人、間諜及夥伴等多種身分。圖中的Parrot AR無人機緊跟在模特兒身旁，還幫忙拉起服裝的下擺，讓她圍繞在翩翩起舞的絲質雪紡中。

服裝部分是一套套裝，使用塗了夜光顏料的乙太網路纜線、Ethereal UV LED及鼓風機。伺服器機房是交換訊息的重要場所，我們重新想像了人體之於它的關係。模特兒：卡門．吳（Carmen Ng）。

機器肢 這套會發光的智慧型盔甲，是為一名空中呼拉圈（lyra）表演者的黑色緊身衣量身打造的。LED會根據安裝於衣服內的加速規量測值反應，當表演者跳舞時，服裝的燈會隨著動作的範圍與強度變亮、變暗和改變顏色。

為了使她的表演更加出色，又不至於干擾她的肢體動作，我們設計了一張熱圖（Heatmap），觀察她的哪些身體部位會接觸到呼拉圈。而非慣用手及胸部都不會接觸到呼拉圈，因此成了放置盔甲的理想部位。

在雷射切割及作品外型測試過程中，我們反覆為加速規量測值視覺化和作品圖案合併。最終我們採用雷射切割的植鞣皮革，採用傳統皮革塑型方法來成型。

Cardboard Control

紙板操作趣

數位遊戲與動手做的完美結合：跟著任天堂Labo一起享受探索的樂趣

文：馬克·德·凡克 譯：蔡牧言

自任天堂推出最新產品「Labo」，忽然之間，網路立刻掀起了一片熱潮。使用者只要用瓦楞紙板就能設計自己的任天堂Switch控制器，完全實踐《MAKE》精神。我們也趁這個機會動手玩玩看。

超狂的套件

我們製作的第一個玩具是釣魚竿套件，是的，我們完全上癮了。任天堂在遊戲產業裡有很長一段改革歷史。還記得約莫1995年推出的Virtual Boy，或是1989年的威力手套（Power Glove）？這兩項產品在當時都非常先進。事實上，從它們上市至今已有將近30年之久，而目前虛擬實境遊戲的發展仍處於初步階段。

任天堂與其他電子遊戲機製造商的不同之處，在於他們為了塑造良好的使用者體驗，總是能端出非常狂的點子，任天堂Labo當然也不例外。只要照著Switch的可愛動畫解說，你就能輕鬆完成套件組裝。這種以淺顯易懂的方式將數位遊戲，轉變為類比式的手作方式，給人一種奇幻的體驗。每個零件摺疊並組裝的樣子都非常漂亮，成品也出乎意料地堅固耐用。而最棒的是：這些都是真的！

個人化的玩法

把玩過摩托車和機器人的示範套件後，任天堂Labo接著帶領我們前往另一項功能。Toy-Con Garage：視覺化的程式語言。它能讓使用者善用Switch的控制器及內建的感測器來設計自己的作品。只要拖放螢幕邊緣顯示的零件，就能創造各種互動式的玩具、樂器與機器。只需要幾個程式方塊，你就能把Switch控制器變成開門感測器，並建立警報音效。更棒的是，你可以利用Switch控制器鏡頭的物件辨識功能，讓遊戲追蹤你的動作並跟著反應。這種打造程式既簡單，卻又不會過於簡化。是個能讓親子共同學習Maker技能的絕佳機會。

既然是任天堂，那你肯定知道一切只是個開始。我們已經等不及想看看任天堂實驗室的下一個新產品了。

馬克·德·凡克
Marc de Vinck
美國理海大學（Lehigh University）教授，擔任科技創業碩士學位學程教師。

Nintendo

Tailoring Tech

MakeFashion引領女性走向時尚創新路

文：DC・丹尼森　譯：蔡牧言

量身訂做的科技

DC・丹尼森 DC DENISON
Maker Pro 電子報的共同編輯。Maker Pro 電子報聚焦 Maker 與業界的結合。他同時也是 Acquia 技術版資深編輯。

自2012年成立以來，MakeFashion始終致力於時尚與科技的結合。團隊至今已設計超過60件穿戴式科技服飾，並在40場以上的國際活動中展出。最近MakeFashion在Kickstarter平臺上為「StitchKit」成功募得資金，StitchKit是以Adruino為基礎開發的穿戴式科技套件。我們連絡了三位共同創辦人，分別為夏儂・胡佛（Shannon Hoover）和瑪麗亞・埃琳娜・胡佛（Maria Elena Hoover），以及雀兒喜・克盧卡斯（Chelsea Klukas）。

MakeFashion追求什麼？

我們要擴增人類體驗。穿戴式裝置所能辦到的，不只是量化生活（Quantified Self）或環境感知功能。穿戴式科技可以幫助你擁有更真實且即時的體驗。你不需要突然停下腳步、從口袋拿出手機，然後用手指在手機上按來按去。

穿戴式科技能讓你展現自我風格、訴說你的故事。但很可惜地，科技公司在穿戴式裝置方面往往忽略了時尚概念。這對我們來說有點費解。因為每年時尚及著裝花費就有三兆美元，顯然人們很重視這件事。

你們的「StitchKit」產品，與Adafruit等公司推出的穿戴式裝置有什麼不同？

我們很愛Adafruit的產品，但Adafruit鎖定的客群是Maker和業餘愛好者，像烙鐵這類的工具都難不倒這些人。我們的對象則是那些被科技世界給嚇傻的人，因為他們過去沒有相關領域的經驗，因此我們的重點在於降低門檻。

我聽說MakeFashion的社群主要由女性組成。原來時尚是個能讓女性喜歡科技的聰明方法。

沒錯。如果你想讓年輕女性對科學及科技感興趣，讓她們從熱愛的事物著手會比較容易。如果能讓這些女孩在時尚創新路上更順遂，她們將能大有所為，並讓我們學到寶貴的經驗。

穿戴式科技還有什麼樣的挑戰？

目前其中一個大問題是，大部分的科技產品並非用來穿戴，而是裝在塑膠或鋁製的容器裡。所以產品的耐久性及安全性，仍是我們需要面對的難關。

接下來幾年，你們覺得哪些團體能挑戰穿戴式科技和時尚的極限？

改革是來自一些特定產業，這類產業會製造出符合特定需求的穿戴式裝置。我們已在火人祭社群中看到一些獨具創意的事物。角色扮演玩家也正推動著穿戴式裝置改革的腳步。

Justin Poulsen, Kelly Hofer

[+] 欲知詳情，請至makefashion.ca

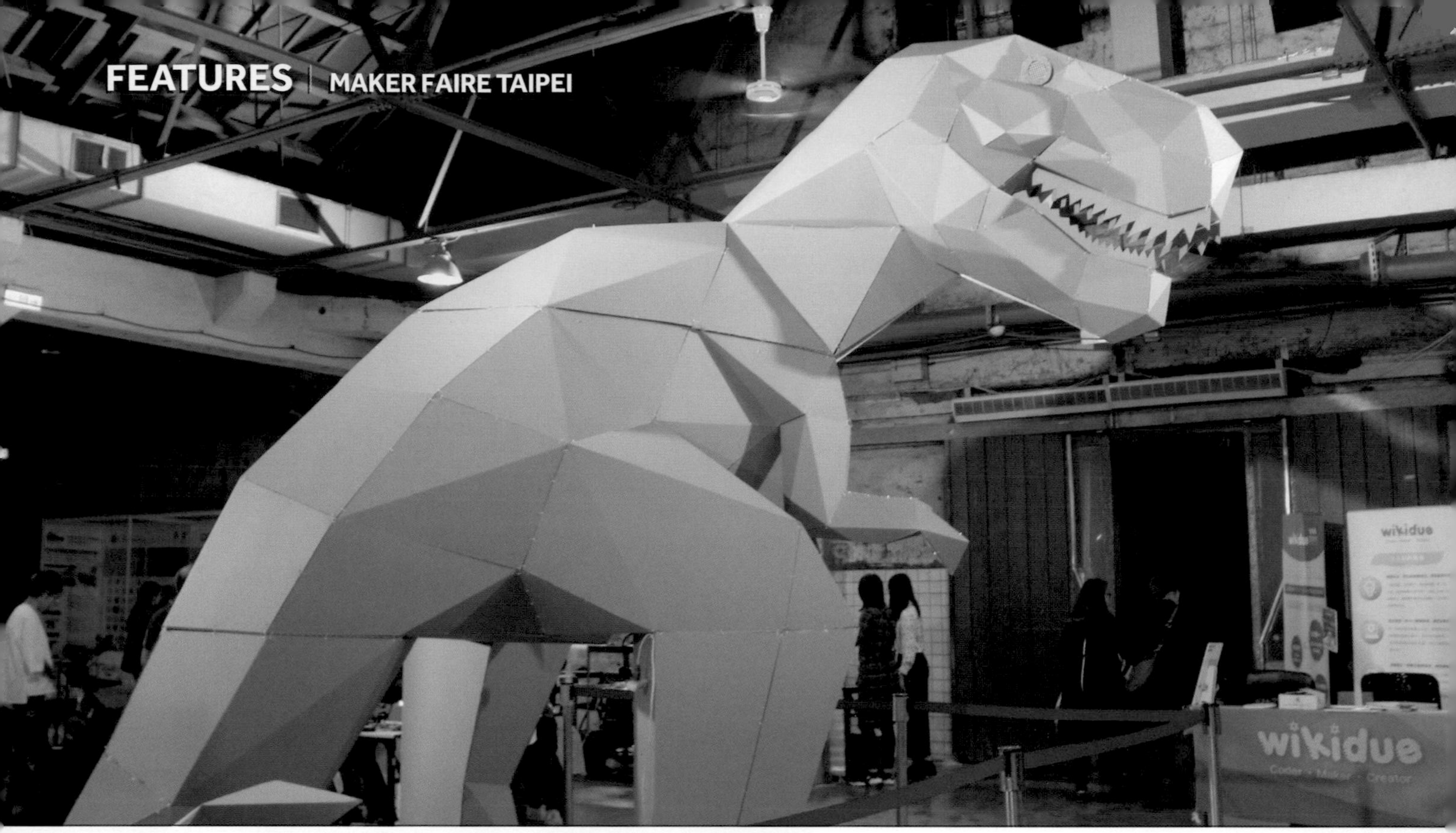

MAKER FAIRE TAIPEI

專題報導

只有不肯，沒有不能！

文：編輯部 攝影：ADporter、編輯部

在《MAKE》雜誌上可以看到來自各地、各式各樣的人們，出自自發的動機，嘗試各種動手作專題。而親身體驗這些創意的最好方式，就是到各地的Maker Faire走一遭，和Maker社群現場交流。

今年Maker Faire Taipei邁入第六屆，吸引愈來愈多專業人士、純粹愛好者以及像你這樣的讀者參展及到場觀賞。本期《MAKE》正逢本次動手作嘉年華的熱潮，並且第一次有機會在我們的紙本雜誌上刊載展會報導。編輯部期盼除了展覽現場的體驗，還能透過文字，向沒有機會到場或想重溫回憶的讀者，分享這次現場的精彩大小事以及單純快樂的動手作時光。

Maker Faire Taipei的參展者類型眾多，只要是自行發揮創意設計或製作都能參一咖，「只有不肯，沒有不能」。在STEAM PLAY區、數位藝術區、創意互動遊樂區、知識實踐區、線控機器人表演賽、藝

發明家爸爸±玩的泡泡機。
uHandy行動顯微鏡。
雷射切割悟空變變變。
繪兒樂共創繪圖區。
自製造型氣球。
LoLettering製作者。
光影故事箱。
3D印表機行動車。

術科學火山區，以及各種論壇與工作坊中，充滿各式各樣作品與活動。

STEAM PLAY區、數位藝術區

「寓教於樂」是Maker精神的核心，在STEAM PLAY展區的作品與活動，能讓大朋友小朋友在遊戲的過程中學習。數位藝術區則展出各種結合技術與藝術的作品。遊戲、教育、藝術與科技，這些看似不相容的事物，在動手作精神中完美結合。

巨型紙箱恐龍

新加坡Octomaker帶來的巨型紙箱恐龍在場館盤踞一方，不過為什麼這麼大的恐龍不恐怖，反而更可愛了呢？原來團隊利用最簡單親近的材質：紙板，建造出這些巨大動物，讓現場大朋友小朋友都忍不住多看幾眼（見上頁圖）。

發明家爸爸±玩

發明家爸爸±玩則帶來一排手作小玩意。現場更提供泡泡製造機、水火箭、棉花糖機和滑輪遊具，讓孩子們玩得不亦樂乎！現場還提供「手作電風扇」製作教學，讓孩子們學焊槍、使用熱熔膠、組裝電池盒及馬達，在過程中學習風扇運作原理。

uHandy行動顯微鏡

你知道將電視螢幕放大200倍就會看到三原色嗎？uHandy開發的行動顯微鏡，其外表就像一般的夾式鏡頭。只要將uhandy夾在手機鏡頭上並放置在任何物體上，就能放大肉眼無法看到的細微結構。比起以往傳統的顯微鏡，這個行動顯微鏡已固定焦距，為使用者省去了校正的麻煩。如果想要更良好的體驗，不妨將高倍鏡和光源載盤搭配uHandy的應用程式，不僅能提供尺規，還能補足欠缺的光源。缺乏靈感或是不知道能觀察什麼物體時，可以透過應用程式中的小遊戲，讓你認識昆蟲、蔬果和其他種類的結構。

Crayola繪兒樂

可水洗、無毒的美國繪兒樂Crayola一直都是許多家長推薦的神奇蠟筆。這次他們也在現場展示出彩色筆噴槍，只要將喜歡的彩色筆安裝在噴槍上並搭配各種圖案模板使用，就能噴出完美造型。Crayola還提供蠟筆讓民眾在「共創繪圖區」的大型畫布上自由發揮作畫！

造型氣球

親臨現場的民眾一定會看到（聽到）許多人拿著氣球甩來甩去。原來這個蟬聲氣球是出自日本參展商的巧手。只要把汽球用力一甩，就會發出逼真的蟬叫聲！ 這位參展者往年也常常來臺參與Maker Faire Taipei，希望能用自製造型氣球帶給臺灣的孩子們歡樂。

Mugbot與Shakebot

日本Mugbot展出了可愛的社交機器人「Shakebot」，它能搖頭還能打招呼。一旁還有各式獨特的迷人時鐘及101建築等3D列印模組。團隊還提供了簡易寶特瓶小遊戲，讓民眾挑戰在極狹小的空間內將螺栓、墊片和螺絲通通套住。

來玩VR泥鰍舞！

同樣來自日本的VRDojosukui，以Dojosukui（日本傳統表演藝術，意為泥鰍舞蹈）為靈感推出了這個VR遊戲機。在遊戲中，民眾會配戴VR頭盔和做為竹簍的控制器，任務是在一定時間內將泥鰍抓住並放置於竹簍中。如果成功把泥鰍放到竹簍中，會稍微感覺到一絲震動，彷彿真的感覺到泥鰍抖動！

JX Music Lab

JX Music Lab團隊因為太喜歡音樂，決定自己摸索並呈現出數位音樂控制器的內部結構。從電路板設計、零件選擇與配置都一手包辦。只要將這個裝置接上MAC音樂軟體、按下白鍵或黑鍵，就會發出樂器聲響。裝置上還有模擬推弦的功能！

LoLettering

原來LOL（英雄聯盟）也能結合文字藝術！ LoLettering手繪文字藝術利用水彩畫為基

大型夾娃娃機。

大頭箱。

仿生飛行趣。

大型電流急急棒。

底，再墊上切割好的文字紙板，讓文字在色彩之間形成曼妙的美感。此外還有這些卡典西德轉貼而成的玻璃水杯，讓文字藝術走進生活中！ 目前她以星光少女、Nightbringer、God king為主題創作。如果是英雄聯盟遊戲迷，肯定能輕易認出這些作品。

勞動力發展署

這次公部門與學校的展出作品也非常豐富。勞動力發展署匯集了各分署的精彩作品。例如仿照《星際大戰》電影的光劍，只要按下去就能發出光亮和聲效，揮動時還會發出光劍舞動的聲音。團隊表示一把光劍只要花3～4個小時就能完成，原來人人都可以當絕地武士！

現場也展示各式各樣的雷切作品，除了手機架、創意擺飾，他們還結合宗教和文化推出了清水祖師像、耶穌牧者和孫悟空等作品，每項設計都巧妙地結合了背後故事。例如這個悟空變變變，每一面都有不同的可愛表情，如果將頭部、身體和底座分開再並排，猴子的眼睛和嘴巴就出現了！

資策會智造基地

資策會的智造基地中，可以看見許多結合生活、臺灣文化的新創展品和科技。例如這個可重複使用的藍牙酒測機，只要按下開關並對著機器吹氣數次，就能知道自己的酒測值。此外他們還推出企業版本，能讓業主透過網頁蒐集所有員工的酒測值，若有員工酒測值超標，還能自動寄送簡訊通知員工。 稻田VR遊戲差點讓人以為是深圳Maker Faire的稻田互動裝置！這個VR手套，能讓使用者在遊戲中體驗撥開稻草、撿拾蘋果的感覺。未來他們欲結合醫學，開發出手術模擬的訓練系統，讓實習醫生能訓練操刀和縫製技術。 另外還有可愛的臺灣黑熊裝置，擁有聲控、觸控功能，是一個結合藍牙喇叭與平臺概念的小助理，能提供客房服務、電臺播放和多語言旅遊導覽。

「玉」見程式遇見「里」

在這裡還能體驗無人商店！在「玉」見程式遇見「里」攤位上，有呂奎漢老師帶領花蓮玉里國小學生開發的RFID飲料自動販賣機，只要利用悠遊卡感應裝置，就能啟動加值或選購飲料等兩種服務。機器不僅能倒出飲料，還能自動傳送銷售數據資料到手機上，讓店家了解暢銷商品和滯銷商品，進行補貨和替換。過程中不僅能讓小朋友學會Scratch，還能學到不同領域的知識，如程式設計、飲水機的氣泵原理和雷切設計等。

萬福國小光影故事箱

這個光影箱有故事！陳雨禾老師帶領萬福國小學生展出光影故事箱，讓學生蒐集在地的故事，並將設計好的圖案繪製在透明厚塑膠片上，利用減速馬達和厚紙板光影箱，就能讓故事開始旋轉、在光影之間漫舞。

3D印表機行動車

元智大學Ck Fablab的攤位上這臺外觀吸睛的車，其實是放置3D印表機的行動車，讓隨地製作專題變得好方便！一旁還有學生們的藝術創作和智慧裝置。這個互動式的椅子，只要一坐上去就會發光，背後的矽膠也會漸漸膨脹，非常神奇！桌上的智慧地板專為年長者設計，穿上這個拖鞋走在地板上就會發出紅光，而如果某塊地板上有積水，也會發出警示紅光。

創意互動遊樂區、知識實踐區

許多遊客都與家人朋友攜手來展會參觀。其中創意互動遊樂區有許多可以親手操作的專題，開放大家一起同樂。集結來自臺灣、日本、韓國、新加坡各地的Maker，除了有許多以往展會中常見的專題再進化，更有許多獨一無二的原創作品，小小的創意都能大大發揮。不過這些精彩好玩的作品，幾乎都不需要高階技術，無論男女老幼都能在開心玩樂之餘了解生活中的基礎科學原理、從玩樂中學習。

愛心夾娃娃機

首先走過路過，絕對不會錯過展區的超大型夾娃娃機！由福營國中的老師製作的這臺夾娃娃機，可說是每夾必出，不過玩家還是得先苦戰一番。而製作團隊當然也在夾爪設計下了一番功夫，不過夾爪竟然是由雨傘骨架回收做成。不只能夾走商品，還能夾走機械夾爪運作的知識以及升級再造的精神。這次專題的初衷是希望在校慶慈善募款時能夠吸引人潮，進一步參加本次Maker Faire，最後亦獲得票選為本次嘉年華會最受歡迎作品！

CCK大頭箱

要成為展會吸睛焦點，先犧牲色相也是好用的一招。在《MAKE》雜誌介紹過的大頭箱專題，這次有參展者製作出來，運用簡單的光學原理，就能讓箱中的影像有放大變形的效果，那麼當然要拿來套在朋友的臉上！

大型電流急急棒

除了眼睛不能錯過的亮眼專題，展場中也不時聽到像是問答遊戲中答錯時的叭聲，那就是永春高中數位學習實驗班與小人小學帶來的電流急急棒觸碰到牆壁時的聲音。這群高三學生在製作過程釋放的壓力程度，以及專題受遊客歡迎的喜愛程度，就和現場的驚叫和叭聲一樣多。

仿生飛行趣

仿生飛機完全沒有使用電子裝置，是以橡皮筋發條為動力，並模仿生物翅膀輕骨骼結構，製作出輕盈的飛機。

交大創客俱樂部

交大創客俱樂部為學生自主社團，展出了許多低成本實用專題，像是直接使用Hello, World!初階程式與micro:bit做成的Hello, World!機器人、以預寫好藍牙程式的晶片製作陽春但好用的藍牙音響等等，不禁讓人大嘆知識與實作力果然還是可以和財力尬輸贏！

互動點點樂、籃球機、射擊機

用micro:bit內建的基礎裝置與功能，可以發揮的專題創意多得是！用隨附的觸發開關製作一個適合多人同樂的互動點點樂遊戲機。製作團隊同時也展出了應用簡單感測功能的籃球機和射擊機。

前骨架機器人

這個全身發出紅、綠、藍各種繽紛色彩光的前骨架機器人，事實上是個行動骨架傀儡，使用者可以輕鬆地一邊移動一邊操控各種動作，儘管萬聖節剛過不久，但過節的感覺似乎又被喚起。 這個有趣的作品是由來自日本的自造者社群Nico-TECH所發表，該社群會不定期地在「Nico-video」網站上發表投稿影片，進而與其他Maker互動。本次盛會，Nico-TECH的展覽作品十分多樣，除了前骨架機器人之外，還有用積木、感測器與開發板打造的吹氣式酒測器、觸摸頭髮就會讓燈籠發光的有趣展示、酷炫的LED跑馬燈造型

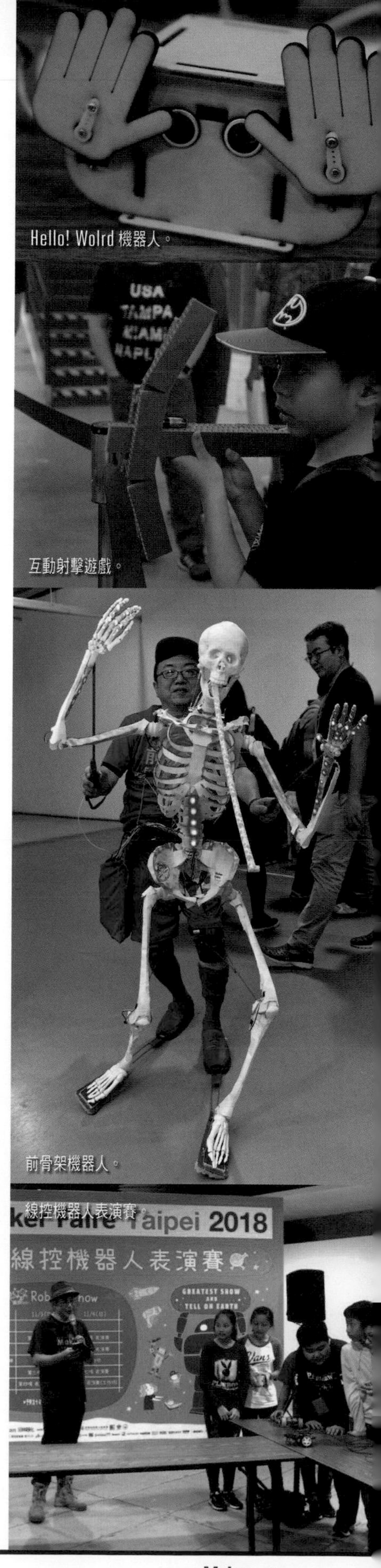

Hello! Wolrd 機器人。

互動射擊遊戲。

前骨架機器人。

線控機器人表演賽

火山噴發時刻。

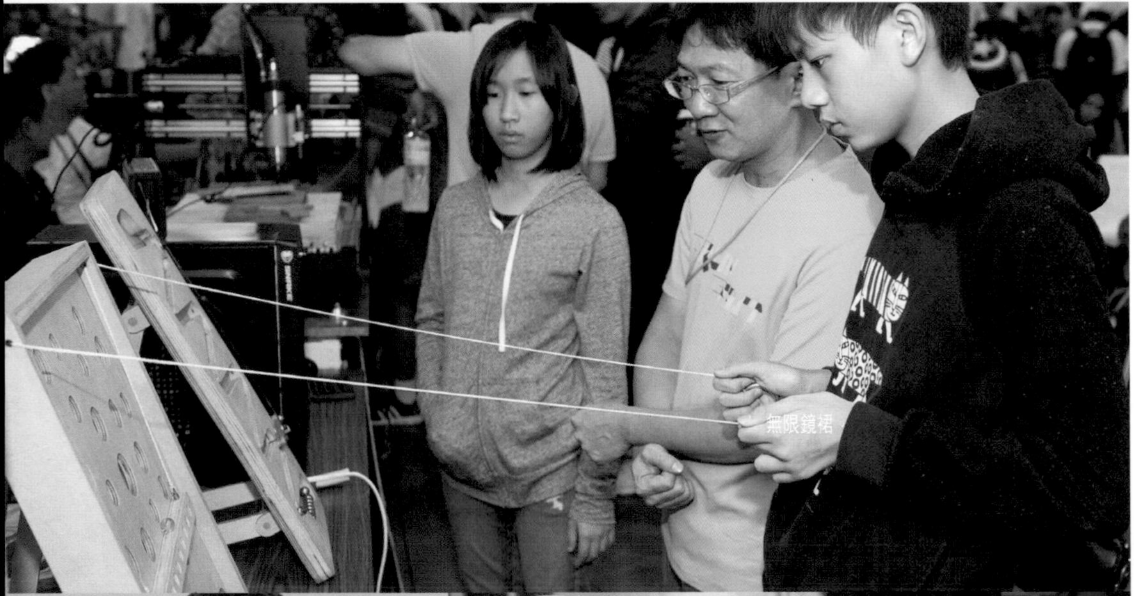

無限鏡裙

帽、用X-BOX One遙控器操控的Pico Pico音樂播放器，以及可以隔空發出聲音的特雷門琴。

鯉魚國小「動手玩創意教室」

在鯉魚國小「動手玩創意教室」攤位前，不時傳來一陣陣的樂器聲與夾雜的笑聲，原來是一群觀賞者正在手舞足蹈地玩著該校獲得索尼科學大賞的「搖頭晃腦」作品。有趣的是，整個作品是結合竹子與Arduino開發板，並運用聲、光、電與視覺原理，讓觀賞者將手移至竹管上方，就能在遮光的同時讓竹管樂器搔首弄姿地搖擺，並同時發出聲光。

澳底國小「惡魔機器人」

對於Maker而言，創意的發想是最先遇到的關卡與難題，但有了想法之後，卻會在實作的過程中遇到更多意想不到的挫折與困難，如何克服這些困難，是Maker成長過程中的必要過程，更是自我提升的最佳動力與養份。新北市貢寮區澳

底國小所展出的「惡魔機器人」便徹底發揮了這樣的精神。該作品是由一群五年級的小學生運用micro:bit的開發軟體、伺服馬達控制板來製作出手作紙箱機器人。這群小學生在實作過程中遇到如何兼顧外觀、氣勢、造型、尺寸及下巴實際咬合，乃至底盤穩固性等問題，並在老師的指導下，共同在一一克服解決這些難題的過程中逐漸累積成為真正Maker的能量。

工作坊

許多喜歡動手做的遊客也躍躍欲試，想現場體驗從無到有製作作品而來到工作坊。工作坊內容包括製作光影故事箱、LED聖誕卡、星座小夜燈等等。如光影故事箱的講師便在工作坊中教導與會學員如何製作光影故事箱，學員可以發揮創意地製作各種內容素材，再藉由手電筒將這些素材投影至前螢幕上。

線控機器人表演賽

線控機器人表演賽讓整棟展覽館為之沸騰。兩方各自拿出自己最得意的殺手機器人相互衝撞，直到將對方撞落到地面便能贏得比賽。

藝術科學火山噴發區

LIS教學平臺以火山噴發現象秀出化學反應，讓人看見創意與藝術結合的更多可能性。 如果觀賞完定時的火山噴發表演，對其中原理感到好奇，就能走進一旁的攤位直接動手調製化學配方。

期待明年Maker Faire Taipei能與你再相見！

創意支援者
In Support of Creativity

從設計者角度出發，ATOM 3D印表機從研發過程到機身都是藝術

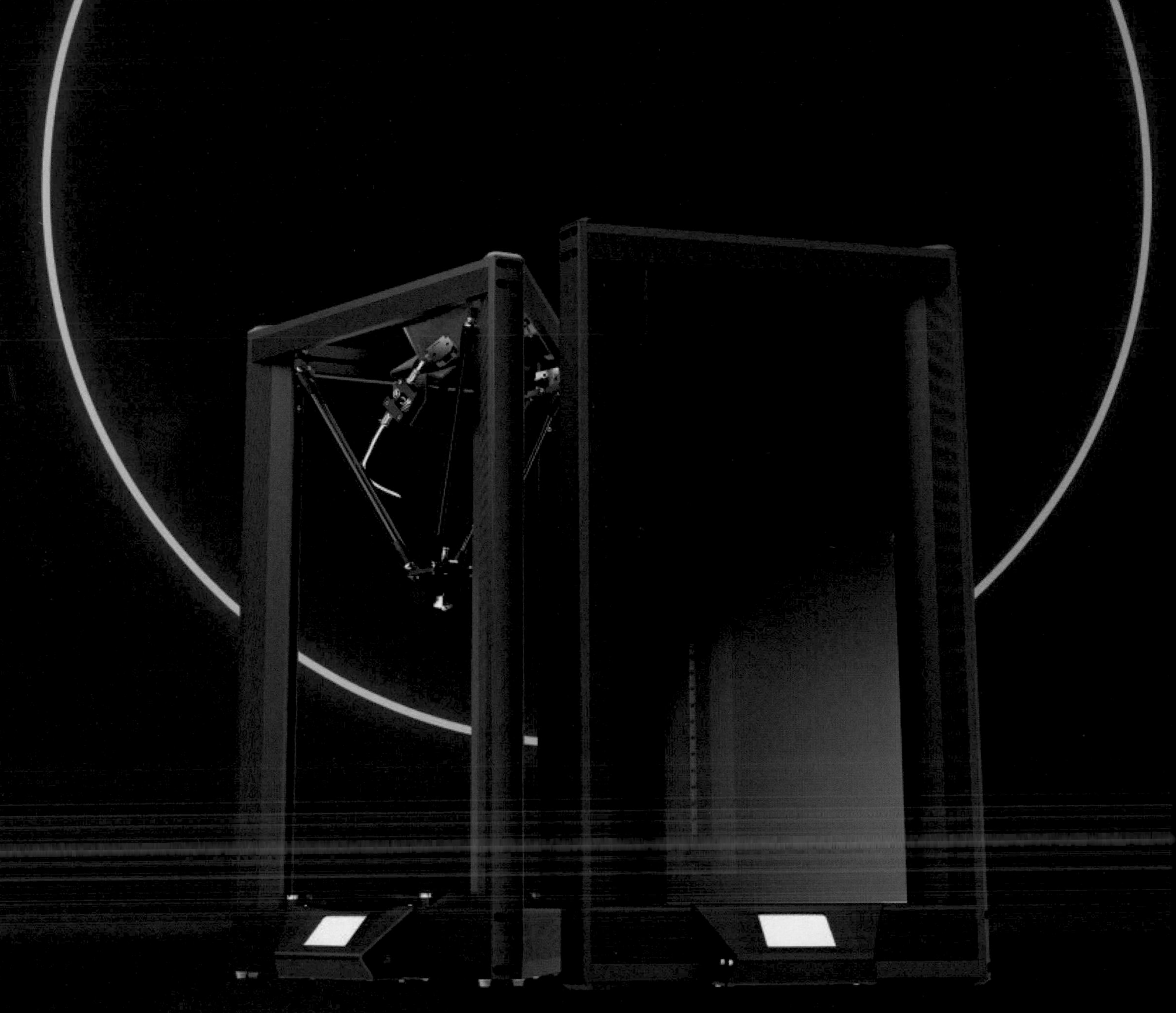

Atom 3D Printers 創辦人李曜任。

ATOM SHOP

隱身一般民宅的Atom shop，走進其中的第一印象就是「藝術品」。擺設的列印測試品與各種室內設計巧思，讓人一眼就愛上這個空間。

Atom 3.0印表機正在悄然無息地工作，黑色簡約的外表與室內空間融為一體，在三軸同步的流線動作之間，一艘從底板到船艙細節都一覽無遺的小船逐漸成形。這是Layer One團隊最新上市的Atom 3.0 熱熔融3D印表機，延續以往機型的美學，在細節上又更進一步。

在Atom 3D Printers創辦人李曜任、設計行銷陳泓佑與《MAKE》編輯部的對談中，也藏不住他們對研發、跨域合作、品質與美學的熱情與堅持。設計專業背景出身的創辦人李曜任，輾轉投身3D印表機開發之路，從自身經驗出發，致力於使機器能更有效協助設計者工作，也分享了許多經驗談。

當設計者遇上設計工具

自英國學習設計歸國後，李曜任深深感到臺灣環境對設計專業人士的限制，同時亦在使用過美國知名品牌印表機後，還是常為機體故障及列印品質感到頭痛，才開始自行研究3D印表機原理，並漸漸決定以研發3D印表機為事業主軸。

硬體研發過程總是有各種意想不到的枚枚角角，如列印測試品斷裂等等問題，總是需要再從頭檢視各個環節。而與製造廠商溝通又是一個難題；這些零件從未在生產線上製造過，需要完全客製化，讓研發團隊在與工廠溝通時傷透腦筋。零件的耐用度、成品的強度等都需反覆調整。除了與硬體的磨合，要設計專屬產品的軟體，亦是每個數位設計工具研發者的重大挑戰。

品牌自2013年於「嘖嘖」募資成功，經營至今已銷往台灣、日本、法國、美國各地，對於新創公司來說，已是交出亮眼成績單，不過比起許多領域硬體每筆外銷訂單的數量，Atom的經營之路還有很大的發展空間。

Maker 社群之力

Maker社群的動能，是Atom研發過程中很大的助力。使用者不吝於分享經驗，在網路上互相為彼此的軟硬體使用過程除錯，宛如幫忙團隊做「客戶服務」。Atom與Maker社群整體融為一股幫助設計者與動手做愛好者前進的力量。

不設限的跨域合作

讓Atom具有獨特魅力的原因之一，還有團隊本身的創意與好奇。團隊多方嘗試跨域合作，觸角伸及模型製作、表演藝術、汽車品牌及高科技產業等各式各樣領域，碰撞出意想不到的火花。於是Danny Choo的精美模型、掰掰啾啾、馬來貘與爽爽貓、蓋亞電動汽車零件、洪瑞良的伯勞鳥郵筒、乃至ARRC小型火箭的專題與產品中都可見Atom列印成品的蹤跡。

業界狀況與反思

3D列印技術並非近期才有的技術，業界中問題已然浮現。日前開源3D印表機製造商Printrbot因虧損而終止營業，也讓李曜任引以為鑑，進一步思考理想與現實間的平衡。

事實上，Atom設計團隊Layer One非常了解開源的重大意義，並以行動支持。團隊將Proton與Neutron機型開放，免費分享軟硬體數位檔案與組裝教學，一路「Open」到底。然而為了支持團隊與品牌，仍須考量獲利與未來展望。

成為創意支援者

經由團隊努力以及資策會提供的機會，Atom近期在國外市場有突破性的進展，與美國大型平價電商通路Monoprice聯名銷售，躋身「平價高級品」之列。未來亦盼望繼續在各地市場擴展、與各種領域合作。

3D印表機已成為許多專業或業餘設計者的製造之道，不過Maker社群還在追求更好的列印成品品質、更順暢的使用者體驗及真正的低價普及化，而Atom與Layer One團隊亦憑著熱情努力不懈。

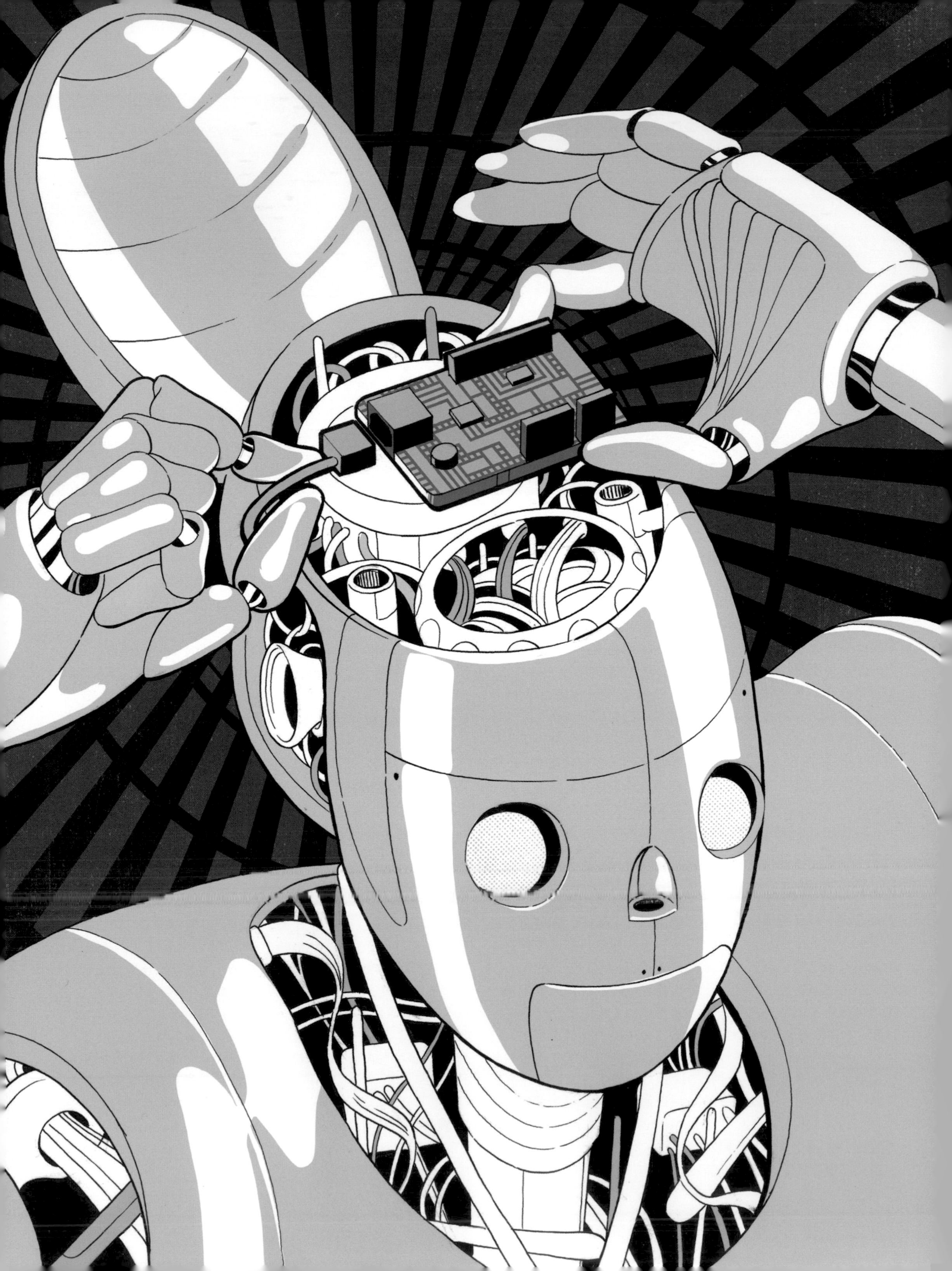

Get Smart

腦袋大升級

燃燒吧電路板，進入人工智慧的小宇宙

文：卡蘿．萊禮
圖：萊恩．賓西亞
譯：Madison

《MAKE》雜誌讓每一個人都能探索讓機器人感知覺察、甚至思考的方法。

本期中我們將介紹電子原型社群最新、最讚的製作工具，有德州儀器這類大公司推出的產品，也有來自Adafruit和SparkFun等自造者社群供應商的選項。我們的電路板指南將幫助你，為你的專題找到完美的微控制器，不限於機器人專題。

我們還將深入探討這些電路板如何幫助推動AI的進化。人工智慧將啟發新一代的發明與創新，我們要讓每個人都能使用它，不再只限於學術菁英或大企業。

從頭開始

進入AI的世界聽起來門檻很高，是不是該安裝TensorFlow、Torch、PyTorch或Caffe開發環境？神經網路要有幾層？該選擇什麼硬體當做深度學習的基礎架構？但你該知道的是，可以用的工具太多了，要入門並不難。

再談深入些，要建立基礎背景知識，請看吳安卓（Andrew Ng）教授的免費線上課程「機器學習導論」（coursera.org/learn/machine-learning）和Deeplearning.ai的五堂AI課程。或閱讀麻省理工出版、班吉歐．約書亞（Yoshua Bengio）、伊恩．固菲羅（Ian Goodfellow）和亞倫．柯兒菲爾（Aaron Courville）合著的教科書《深度學習》（Deep Learning）。我們需要更多人投入AI，幫助解決世界上的難題。

根據經驗法則，選一個人類可以一秒鐘內解決的問題（AI還不能解決太複雜的問題）。複習你的線性代數、機率和微積分。練習基本程式開發（我們推薦使用Python或Julia）。我們會在此協助你取得解決問題所需的工具。記得跟我們分享你的作品！

卡蘿．萊禮
Carol Reiley
一位長年創業者、機器人專家和重返學界的學者。她多次為《MAKE》雜誌撰文並參加Maker Faire，是英文版2011年第29期的封面人物。
卡蘿15年前迷上機器人和AI後，打造多種用於航太、水下和醫療等管制產業的產品。她發表多篇文章，擁有多項專利，更是IEEE機器人和自動化學會最年輕的委員會成員。她畢業於約翰霍普金斯大學，在Intuitive Surgical（靈感手術）公司開發手術機器人，共同創辦矽谷最夯的自駕車新創公司drive.ai，募資超過7千7百萬美元。作為業餘興趣，她架設Tinkerbelle Labs（動手做實驗室），分享低成本的DIY醫療專題，撰寫並出版一本關於成長思維和成功心理學的童書《勇敢濺出去》（Making a Splash!），賣了超過1萬5千本。她目前正在籌備另一間新創公司。

A Mind of Its Own
如何打造AI機器人

文：麥克・溫特 譯：Madison

想要讓你的高科技專題擁有**人工智慧**嗎？
本文告訴你怎麼做

麥克・溫特（Mike Winter）花了大半生在寫程式、解決問題，以及幫Google之類的組織打造機器人。他和他的女兒麗莎（Lisa）（見第34頁）是機器人擂臺「BattleBot」的知名參賽者。現在他專注於人工智慧領域（AI，artificial intelligence），具體來說是電腦控制戰鬥機器人和人類控制機器人對戰，他稱之為「AI擂臺」。身兼教育者，他用這篇文章帶領菜鳥Maker熟悉AI機器人的基本概念。

Maker最大的挑戰大概就是創造出比自己聰明的作品，例如人工智慧機器人。1950年起，許多AI機器人的開發工作陸續展開，但是成果很有限。大多數號稱聰明的機器人都只能做簡單的工作。叫機器人摺衣服，就連專門的AI摺衣機器人，都要讓你等上幾個小時。

但是當人們對AI的興趣愈來愈濃厚，事情起了變化。去年舊金山地區有數百家AI新創公司成立，有些開發自駕車，有些開發數位個人助理、物聯網裝置和玩具。今年中國向全世界宣布要在2030年成為AI的領導者。根據預測，接下來20到50年間，勞動人力的需求將會降至零。機器人必須變得更加聰明，才能增加生產力，實現這種經濟與文化的轉變。這就是Maker社群發揮的機會。他們可以提供創意和實務經驗，催生滿足這些需求、具有高度功能性的機器人。

打造一個機器人需要：

- 製作出一個內含簡單CPU的機器人
- 加上另一個AI用的、效能較好的電腦
- 發明AI，讓它在電腦上執行

接著把開關打開，看會發生什麼事。如果失敗，重新思考一下，再試一次。如此可以讓你多方嘗試各種能實際跑在機器人上的機械智能。加上各種感測器，像是相機、驅動馬達、履帶，和其他你想得到的玩意兒。

Hep Svadja, Mike Winter

1. 打造機器人

對剛入門者，我建議使用設計好的套件，比分開購買各個零件便宜，運費也比較低。機器人要有兩個CPU、兩個馬達、一顆電池，和其他部件。一塊7～8平方英寸的板子（圖A）剛剛好。

選擇有「轉向履帶」（Tank Steering）的套件。有履帶，機器人才能變更移動方向跟速度。機器人可以自轉，如此AI就能計算轉彎角度。幾乎所有網路上找得到的機器人套件都可以用。我試過OSEPP出的Tank和Triangular Tank機器人套件，效果都很不錯；圖B可以看到我用這些套件做的機器人。我愛軍備競賽。

備註： 凡用到履帶之處，都可以用輪子取代。我用履帶只是因為看起來比較有趣。千萬不要做個無聊的機器人。

接下來，幫機器人加上電子元件，包括馬達控制器、電池、開關、I/O CPU和變壓器，讓機器人開機移動。我建議依照機器人套件的推薦零件清單選購。如果套件沒有建議的馬達控制器，我會用Sabertooth dual 5A，但網路上也有很多其他不錯的選項。進階自造者可以試用客製化零件或組合不同零件看看效果；如果你打算這麼做，可以參考這份說明文件：robotshop.com/blog/en/how-do-i-choose-a-battery-8-3585。

現在來接線。先製作電路板。馬達控制器的工作是送出部分電池的電力到馬達，因為它控制了機器人的速度和方向。連接電池、開關和馬達控制器，如圖C。

穩壓器把電池電壓轉換成I/O CPU和聲納感測器等其他邏輯裝置可用的電壓。連接穩壓器如圖D。接下來為I/O CPU和聲納感測器接上電源，並接到穩壓器輸出端（圖E）。現在連接聲納感測器的邏輯線路和馬達控制器到CPU的I/O（圖F）。

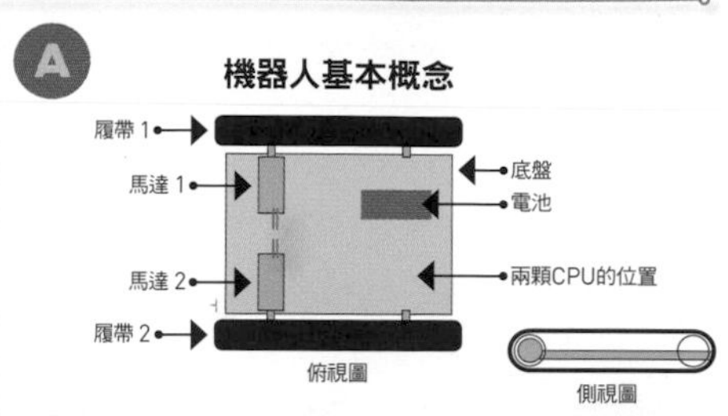

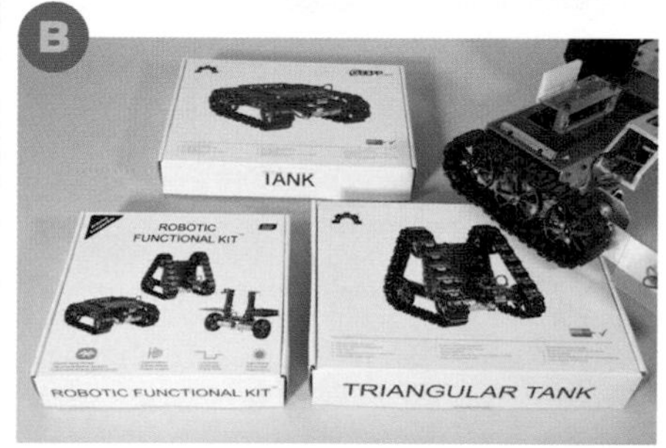

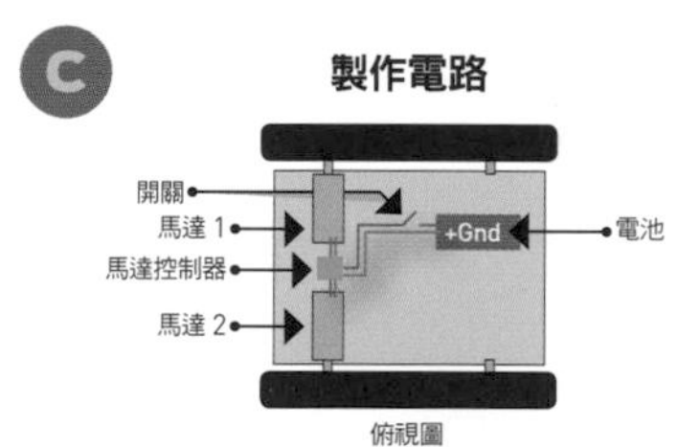

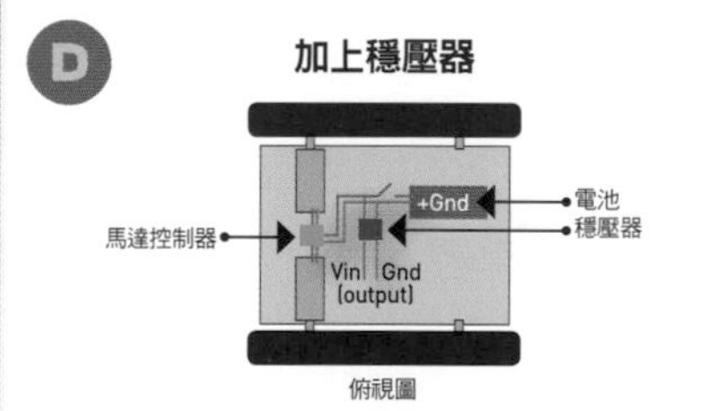

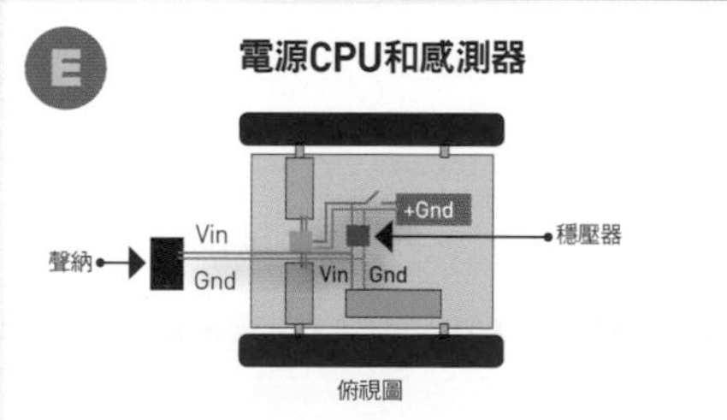

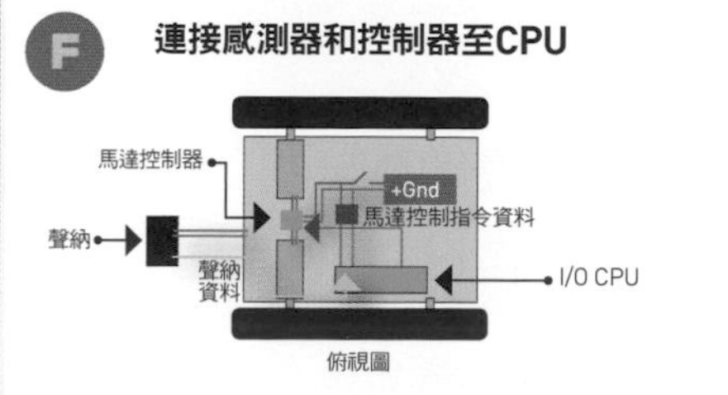

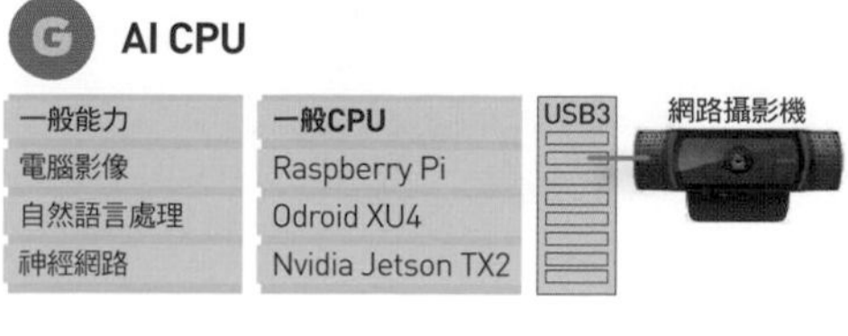

加上多個攝影機和感測器，Cam1Bot 可以追蹤、分析和記錄機器人擂臺上的對手資料。

誰的機器人比較厲害？麥克的 AIV4 對戰女兒的手動操控機器人。

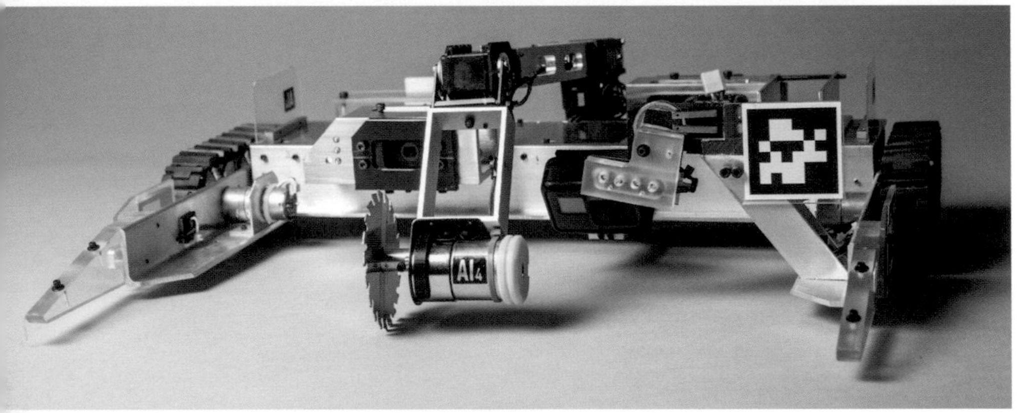

Hep Svadja, Mike Winter

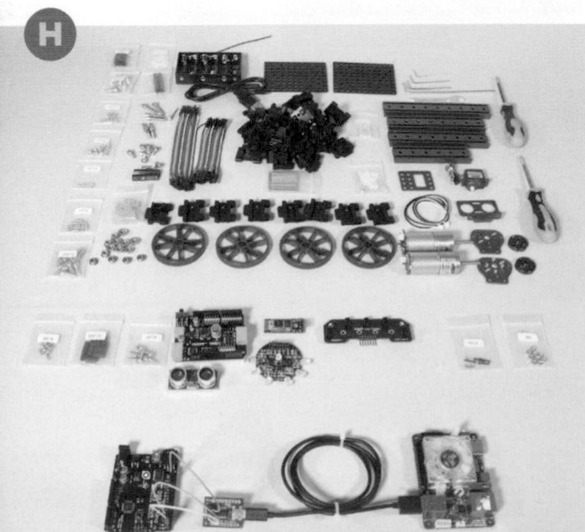

2. 為 AI 加上高效能電腦

有基本的機器人後，接下來要大幅提升它的思考能力。我們要加上一顆高效能電腦：AI CPU，並接到現有的I/O CPU。I/O CPU會接收、轉譯來自AI CPU的指令，最後轉送到馬達控制器和其他裝置。I/O CPU也會接收來自感測器的資料送到AI CPU。

AI CPU（上頁圖G）會執行可以處理視訊串流和其他感測器資料的AI模型，也會輸出指令到I/O CPU。例如，當AI CPU的電腦視覺偵測到一臺車，它會送一個訊息到I/O CPU使之開啟馬達，讓機器人可以逃走。

選擇AI CPU的考慮因素：

- **電腦視覺：**CPU馬力夠不夠，能不能跑電腦視覺？如果不夠，機器人就得用其他感測器（像光達）掌握環境。OpenCV電腦視覺程式庫是免費的，而且相當簡單好用。你會需要一塊Raspberry Pi CPU或類似的電腦。我用的是Odroid XU4，它有八顆異質運算多核心處理器（Heterogeneous MultiProcessing, HMP），因為我有許多機器人用兩個網路攝影機，同時跑兩份OpenCV電腦視覺。要讓電腦視覺跑得超快，請找有繪圖處理單元（GPU），且支援OpenCV的CPU（如Jetson TX系列）。
- **尺寸：**確保你的機器人裝得下AI CPU。我特別提到這件事，因為許多人想把筆電裝在機器人上。有些套件會需要比較大的底盤，可以用五金行買來的鋁製或木製底盤。

- **邏輯電平**：就是CPU的數位I/O腳位視為「1」的電壓。接地是「0」。有些CPU腳位需要5V，有些要3.3V，Odroid XU4需要1.8V。I/O腳位必須對應數位裝置的電壓。所以如果你的馬達控制器需要5V，那CPU就要輸出5V。如果電壓不同，則要用3.3V到5V的電平轉換器電路板。
- **USB**：愈快愈好。不建議速度低於USB3.0。
- **預灌好的OpenCV**和其他AI工具會加分。

建議的AI CPU：

- **Raspberry Pi**，大眾口味
- **Odroid XU4**，我的最愛，因為有八核心和USB3.0
- **Intel i7**，用單顆無頭i7或在一個（夠大的）機器人底盤上固定一臺筆電
- **Nvidia Jetson TX1或TX2**，超夠力，可以跑神經網路，但對開發者來說學習曲線比較陡

圖H有所有製作整個AI機器人所需的零件。前方地面上是Arduino相容I/O CPU（左）透過FTDI串列接到Odroid XU4的USB晶片。中間地上是一組OSEPP電子機器人功能套件含馬達控制器、距離感測器等。背景是OSEPP Tank套件含馬達、履帶和底盤。總成本約280美元。

連接I/O CPU和AI CPU：

I/O CPU和AI CPU透過串列來回互傳資料。要瞭解其中細節，包括材料、接線和兩顆CPU溝通的程式碼理論，請見makezine.com/go/airobotbuild。

3. 打造 AI

現在硬體也完成了，可以開始打造屬於你的AI了：

- **自學**：先翻翻史都華·羅素（Stuart Russell）寫的教科書《人工智慧：現代方法》（Artificial Intelligence: A Modern Approach，Pearson出版）。這本書有一千多頁，厚到我朋友把它拿來墊螢幕。接著讀讀去年發表的一千多份AI白皮書。然後忘了這一切，試著自己產生些想法。你可能會注意到，世界上的智慧機器人並沒有到處走動送包裹或修車的情形出現。因為AI需要有開創性的新想法來解決真實世界的問題。
- **發明一套AI**。你可以從找問題開始。想出解決方法然後實作。一直嘗試，直到行得通。接著再解決更困難一點的問題。讓機器人幫你從冰箱拿飲料已經是老問題了。想個策略。寫個程式。測試。對了，如果你成功解決了「拿飲料」問題，你可能會變得非常有錢。

我們把入門門檻降低吧。重點是要瞭解AI如何在硬體上運作。加入一個感測器，試著讓機器人對輸入的資料反應。從這件事開始，再加入各種感測器，讓它們同時運轉。可以是很簡單的感測器，像是在保險桿上安裝開關，偵測是否與牆壁碰撞。光達測距前景看好，如果買得起的話可以試試看。善用感測器就是得靠經驗。

接著你可以：

- 用OpenCV和網路攝影機，試試所有有趣的功能，像是邊緣和臉部偵測。
- 研讀神經網路，這個領域很熱門但是實作很花時間。神經網路要透過大量的範例來學習執行任務。
- 製作一隻手，放在你的機器人上。市面上有很多夾爪，可以抓取各種東西。嘗試一下新方法。如果行得通，聯絡亞馬遜網路商店，問他們的倉庫機器人是否需要個幫「手」（對不起，不好笑）。
- 嘗試用新的角度運用AI。我曾經在一家做仿生的新創公司工作（我們在人體上模擬AI和機械機器人系統）。我一個朋友設計出一個有類比神經網路的晶片。
- 成立社團。辦個AI大賽。邀請朋友參加。讓它像DIYrobocars（diyrobocars.com）一樣有趣好玩。

最重要的是，享受過程，持續嘗試。

我的 AI 機器人和製作工具精選：

AIV3 機器人（圖I）

目的：參加 AI 機器人擂臺賽

AI 編程：Google TensorFlow 神經網路

基礎套件：OSEPP Triangular Tank，但改了很多地方

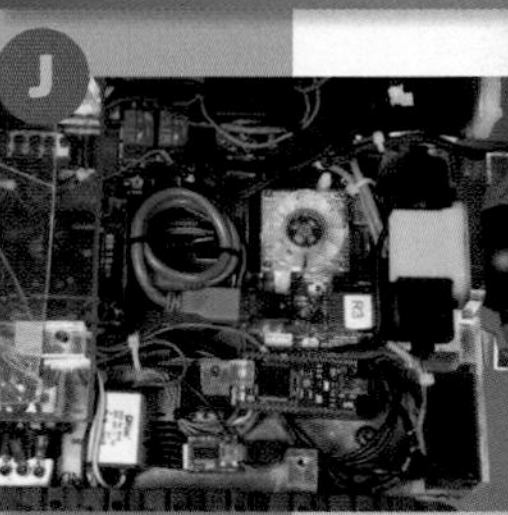

I/O CPU：mbed LPC 1768

AI CPU：Odroid XU4、8 核心、USB3、HDMI

攝影機：兩顆羅技 C920 廣角網路攝影機

武器手臂伺服馬達：兩顆 Robotis 的 Dynamixel

Dynamixels 介面：USB2AX

OpenCV：是

I/O 語言：C++，使用 mbed IDE

用 Odroid XU4（有個白色風扇）、mbed LPC 1768 CPU（藍色）和 FTDI 電路板（紅色）做的 AIV3 電路（圖J）

AIV4 機器人（圖K）

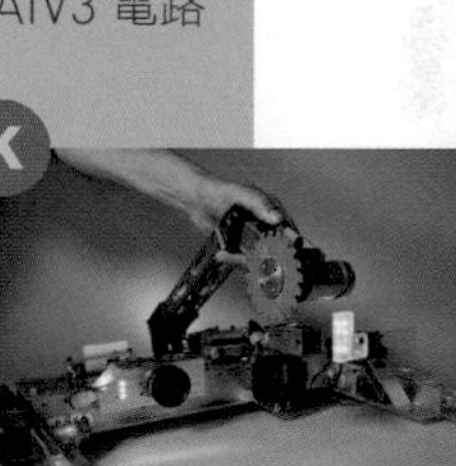

目的：參加 AI 機器人擂臺賽

AI 碼：學習策略和戰術加強

基礎套件：OSEPP Triangular Tank，但改了很多地方

I/O CPU：mbed LPC 1768

AI CPU：Odroid XU4、8 核、USB3、HDMI

攝影機：兩顆羅技 C920 廣角網路攝影機

武器手臂伺服馬達：兩顆 Robotis 的 Dynamixel

Dynamixels 介面：USB2AX

OpenCV：是

I/O 語言：C++，使用 mbed IDE

AIV4（圖L）準備上場

Metal meets Mettle 金屬鬥魂

麗莎‧溫特用她十多年的機器人擂臺賽經驗拯救世界

文：DC丹尼森　譯：Madison

麗莎‧溫特（Lisa Winter）從十歲起就開始機器人玩家生涯。現年31歲的她，從1996年至今已打遍全美機器人大戰（U.S. Robot Wars）和機器人擂臺賽（BattleBots），包括ABC的機器人擂臺賽第一季和第二季。2012年，莉莎和友人合資成立智慧玩具公司「Robot 11」，開發智慧穿戴和藍牙玩具。在美泰兒擔任工程專案經理期間，她幫助推出Fisher Price第一個也是唯一一個穿戴式嬰兒監控器。莉莎現在在華為帶領一個研發團隊。

機器人戰鬥的經驗對你的工作有何助益？

機器人戰鬥讓我累積多年的專案管理經驗。十歲起我就自己負責一個機器人大戰的參賽機器人。後來接觸到設計、施工，以及交期、財務和社群媒體，面對很大的壓力。這些經驗對專案管理而言是非常好的訓練。這不是條正規的道路，卻能培養即戰力，而且從很小的時候就開始。

機器人戰鬥相關經驗是否影響你如何看待機器人與日常生活的關係？

現在機器人無所不在，但我們不太會注意到，這是好事。大多數人家裡或多或少都有機器人，端看你對機器人的定義是什麼。掃地機器人、自駕車、洗衣機等，都可以是機器人。我們不知道接下來機器人還會出現在什麼地方，因為機器人將會無所不在，你幾乎不會注意到或是感到害怕，你的生活還是一如往常。沒有人會覺得有機器人功能的洗碗機有什麼問題吧，沒有人會覺得這種洗碗機會半夜起來攻擊人。這種機器人已經成為生活的一部分，沒什麼大問題。

有人問過你，戰鬥機器人和寶寶監測器有什麼共通點嗎？

常常有人問我是不是在幫美泰兒打造殺人機器人。我說沒有，我可是在忙著救人呢！寶寶監測器就是這樣的產品。

機器人大戰也有正向的一面：它的宗旨之一就是讓機器人代替人類互相打鬥，不讓人類受傷。

你和你爸爸用機器人和AI對戰？

是的，自從我跟我爸學習打造機器人，我們在這個問題上的看法就有點出入。他說，「如果我把AI電腦放在機器人裡，它就能跑得更快，能贏得每場比賽。」他的想法是，比如說，有AI的機器人可以看到對手機器人並且快速轉身，速度比人類的思考和反應更快，而且不會轉得過多。人類則有矯枉過正的傾向。不過，我會繼續親自操控我的機器人，因為我喜歡這麼做。所以現在我都說：「好喔，那就來對決吧。你只要做出AI機器人，我隨時奉陪。」

所以你們開始對決了？

沒錯，戰鬥進行中。我做了幾個可以用傳輸器控制的機器人，我爸做了幾個AI機器人。我們說這種決鬥叫「不AI，毋寧死」。目標是在灣區辦一場正式比賽。所有有AI功能的機器人都能上AiOrDie.tv跟我們報名參加。

你手上專題真多。

我這個人就是這樣。最近我還在說，「我得多找點事來做」，我需要那種壓力。只要專題有趣，我就會擠出時間來做。

最近最讓我興奮的事情是和蘇門答臘紅毛猩猩保育計畫（Sumatran Orangutan Conservation Programme，SOCP）合作。我們組成一個小團隊，目標是追蹤紅毛猩猩的健康狀況和生命徵象、定位牠們的出沒範圍，用這些資料改善牠們的健康，打造受保護、不受毀林和走私影響的棲地。

有機會幫助瀕危動物讓我熱血沸騰。

對於機器人對戰同好，有沒有什麼職涯建議？

最酷的是，機器人對任何一種工作都有幫助。我現在在柏克萊高中指導一個機器人團隊，在那裏我觀察到這個現象。教學對我來說是個全新的經驗，讓我大開眼界。有些孩子對於募款很有興趣，就是請企業公司捐款，或是申請補助。有些孩子喜歡開發。有些人喜歡學習使用手上的工具。這很棒，因為我從他們身上看到自己：你必須是個募款者，你必須是個3D CAD設計師，你必須經營社群媒體。如果這些你都能做，不管你做什麼工作都會做得很好。

Hep Svadja, Mike Winter

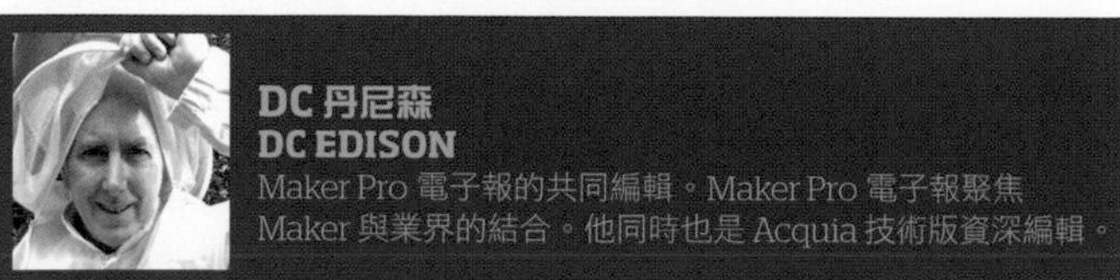

DC 丹尼森
DC EDISON
Maker Pro 電子報的共同編輯。Maker Pro 電子報聚焦Maker 與業界的結合。他同時也是 Acquia 技術版資深編輯。

你可以追蹤麗莎的**Youtube頻道**：
youtube.com/lisawinterx
和她的**網站**：
lisaxwinter.com
別錯過接下來的**AI擂臺賽**：
AiOrDie.tv

Mycroft猜拳機器人
Rochambeau Bot

文、圖：葛雷格．佛洛寧
譯：Madison

用Clarifai影像AI服務，讓Mycroft語音助理極致發揮

時間：
一個週末

難度：
中等

成本：
250美元

材料
» Mycroft Mark 1 語音助理 mycroft.ai
» Raspberry Pi 攝影機模組 V2 Adafruit#3099，adafruit.com
» Pi攝影機用帶狀電線，24" 以下，如 Adafruit #1731

工具
» Trox T10 螺絲起子、鑽頭或扳手
» 電腦 clarifai.com/developer 網頁有 Clarifai API，再到 github.com/lachendeKatze/skill-rockpaper-scissors 下載專題程式碼。
» 3D 印表機，列印 Pi 攝影機外殼。我用的是 thingiverse.com/thing:2379487 這個模型。

葛雷格．佛洛寧
Greg Voronin
受孩子的影響，學習各種自造者相關知識技能，並與孩子和 Maker 社群分享所學。

當播客節目「Startup Hustle」主持人告訴Mycroft AI執行長蒙哥馬利（Joshua Montgomery），Mycroft Mark 1語音助理應該要能玩剪刀石頭布，我就下定決心，我的語音助理也要會玩。

Mycroft Mark 1是強調保護使用者資料隱私和安全的開源硬體和軟體。以Raspberry Pi 3為基礎，它有個友善又活躍的社群在背後支持著。

Clarifai是一家透過Python API提供電腦視覺線上服務的AI公司。只要花一個週末將Mark 1接上Pi攝影機模組，並用Clarifai幫Mycroft加上視覺能力，我就可以跟Mycroft玩剪刀石頭布了。以下是我的方法。

安裝 Pi 攝影機

用Torx螺絲起子小心地卸下Mark 1的底蓋（圖A），拆下Raspberry Pi，翻面，用2腳帶狀電線接到攝影機連接器（圖B）。裝回Pi，把電線穿過底蓋的其中一個長條形的開孔，將底蓋蓋回去（圖C）。小心地將Pi攝影機接到電線的另一頭。為了方便起見，我把攝影機固定在3D列印出來的架子上（圖D）。這個架子的模型是在Thingiverse上找的：PiCamera 2 Axis Rotating Holder（Pi攝影機兩軸旋轉支架），創作者是migrassi（thingiverse.com/thing:2379487）。

Mark 1裡面是一塊無頭版的Pi，也就是說它沒有螢幕或鍵盤可以互動。我在電腦上拉出終端機，**ssh**進入我的Mark

1，輸入**sudo raspi-config**，選擇「Interfacing Options」（介面選項）啟用Pi攝影機（圖E）。

安裝 Clarifai

Mark 1在聲音方面很聰明，但是為了要給它視覺能力，需要安裝Clarifai API。這樣做會造成與Mark 1軟體的衝突，但只要再次**ssh**，執行以下動作就可以解決：

```
sudo pip install clarifai
```

接下來要安裝*Pillow*、*future*與*enum*程式包，輸入：

```
sudo pip install Pillow==4.1.1
sudo pip install future=0.16.0
sudo pip install enum
```

最後一步是讓Mark 1存取攝影機：

```
sudo usermod -a -G video Mycroft
```

使用 CLARIFAI

接下來要自己開發一套可以辨識石頭、布、剪刀手勢的AI模型。我在clarifai.com註冊了免費的開發者帳號，取得一組API碼，接著拍下三種手勢的照片當做訓練影像。一開始我用iPhone拍照，但更有效率的方法是用**raspistill**指令列工具：

```
sudo raspistill -o flename.jpg
```

我把每張影像的檔名改成*rock1.jpg*、*rock2.jpg*，依此類推。一開始我準備了每種手勢各10張照片，並寫了一個Python腳本「createRPSModel.py」（放在github.com/lachendeKatze/skill-rock-paper-scissors），載入這些影像並產生模型。記得把你的Clarifai API碼寫進腳本，並跟手勢照片放在同一個資料夾。

為了訓練模型，我寫了一個互動指令列叫*trainRPS.py*，看似老派，但是簡單好用！接著再幫每個手勢加20張訓練照片。為了測試模型的準確性，我寫了另一個腳本*testRPS.py*。總共只用了60張照片，就達到了90%正確率！

MYCROFT 技能

跟其他語音助理一樣，Mycroft平臺將所有可以用語音指揮執行的工作叫做「skill」（技能）。技能是用Python寫的，Mycroft GitHub程式庫有大量可以參考學習的程式碼。

我建議在寫技能之前，先開發、訓練和測試過你的模型。根據我的經驗，這麼做不只幫助我瞭解模型如何運作，也讓我能在把Python嵌入技能前先除錯一番。

開發剪刀石頭布技能最簡單的方法，就是用Mycroft Skill Manager（技能管理員）**msm**直接從我的GitHub程式庫安裝到你的 Mark 1。在指令列下輸入：

```
msm install https://github.com/lachendeKatze/skill-rock-paperscissors.git
```

執行這個指令時會跳出一長串的訊息，可以忽略。

現在你可以進入*/opt/mycroft/skills/skill-rock-paper-scissors*目錄（圖F）。*settings.json*是用來存技能自訂值的。在這裡，我寫入我的Clarifai API碼跟影像檔案儲存位置。你可以用「nano」文字編輯工具更新API碼。從資料夾*/opt/mycroft/skills/skill-rock-paper-scissors*，用下面這行開啟檔案：

```
sudo nano ./settings.json
```

登入你的Clarifai開發者帳號，存取API碼，複製貼上到所有寫著"YOUR_API_KEY_HERE"的地方。使用以下指令來儲存，離開，重啟Mark 1：

```
sudo reboot
```

現在你可以跟Mycroft玩剪刀石頭布了，看看誰會贏？

除錯

如果Mycroft無法正確辨識你的手勢，別失望，可能你的手沒有擺在攝影機正前方，或是你的模型需要更多訓練。技能會存一份最新的影像副本叫*rps.jpg*，從這裡可以看到你的手位置對不對。你也可以用Clarifai的線上瀏覽工具檢查所有的訓練影像，並且互動式編輯模型。

下一步

Mycroft贏的時候會不會有什麼反應呢？可以微笑、大笑，或是放音樂嗎？Mycroft可以根據玩的對象產生不同策略嗎？開發一套你自己的剪刀石頭布玩法吧！有任何問題歡迎到hackster.io/gov聯繫我。

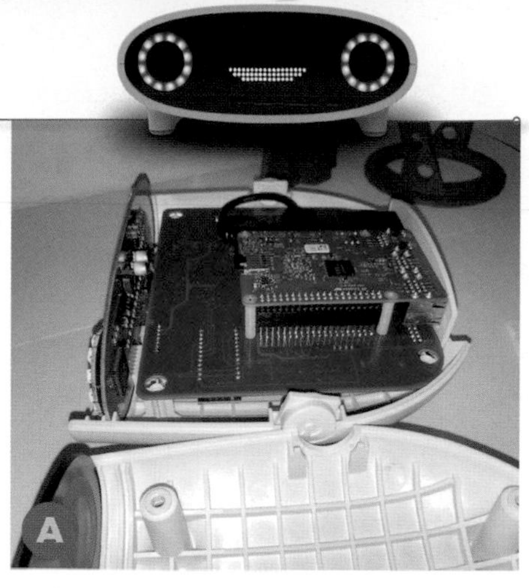
A

B

C

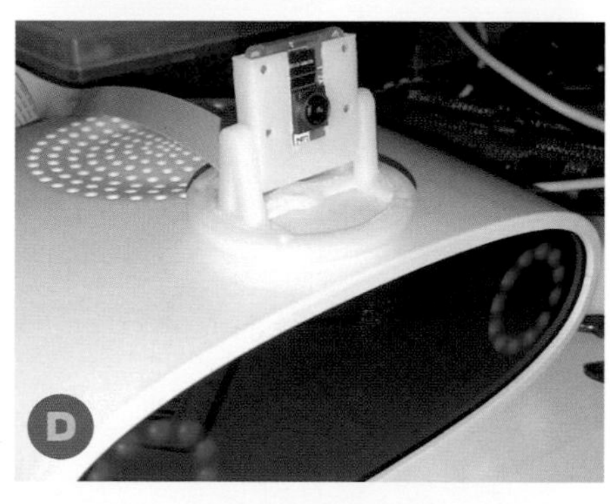
D

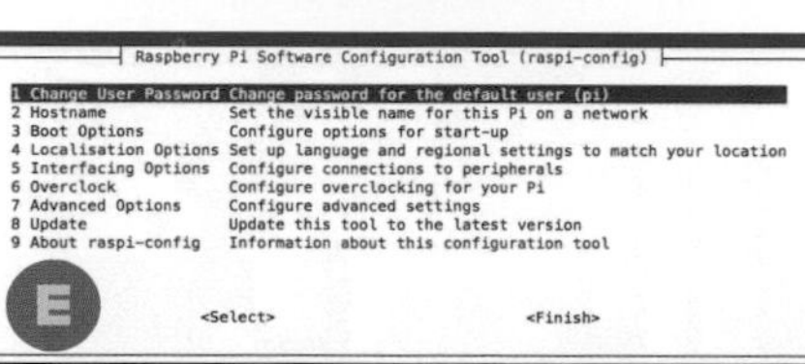

E

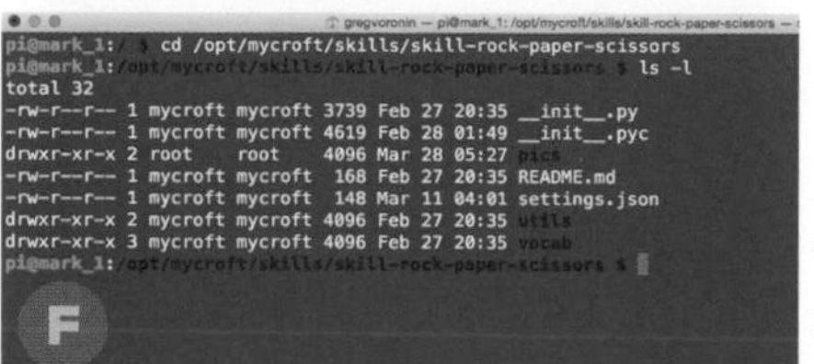

F

Mycroft

The STANDOUTS 脫穎而出

需要可靠的微控制器進行下個專題？那就別錯過這些新上市的控制板！

BEAGLEBONE BLACK WIRELESS

BeagleBone 系列一直都很適合用極少程式控制來運作完整的操作系統。新上市的 Black Wireless 在最暢銷的控制板上又新增了藍牙 4.1 及 Wi-Fi 功能。身為 Linux 系統一員，它的動力雖然比不上 Rasperry Pi 3，但 GPIO 腳位的數量和即時互動能力仍然讓它作為 Maker 專題工具脫穎而出。這款控制板還有能將作業系統直接安裝於機上記憶體的優勢，之前能夠輕鬆用 USB 連到機上網路伺服主機，現在甚至可以直接用 Wi-Fi 連接了！

——凱利・伊根

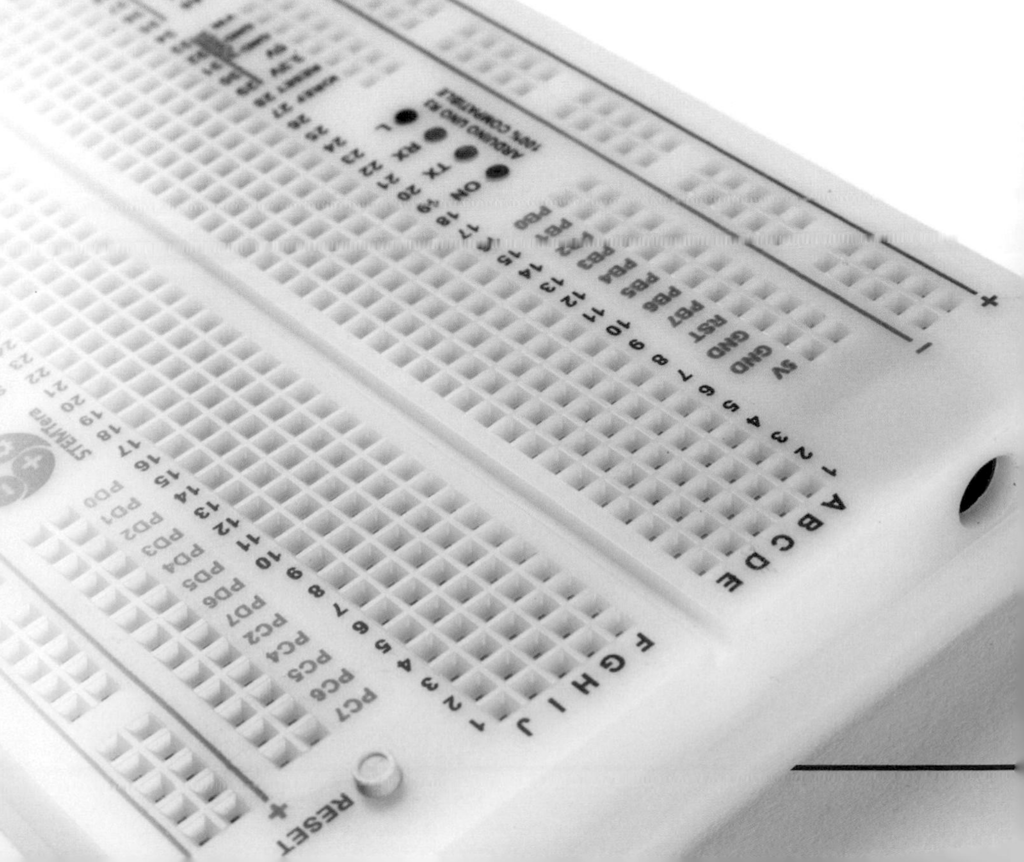

STEMTERA BREADBOARD

曾經好奇為何 Arduino 還要另外插麵包板，不能直接內建就好嗎？STEMtera 麵包板就這麼做了。再也不用像以前的專題一樣處理亂糟糟的接線了。它與 Aruidno Uno 完全相容，適用於內建的 shields，內含兩個微控制器晶片 ATmega328P 和 ATmega32U2，後者的腳位直接外露在麵包板上，方便進行原型設計。這個板子比一般麵包板寬、長，比一般 half breadboard 厚一倍，所以無法再接上其他麵包板，不過這只是小問題。試著用 USB 連接吧，不但好玩、快速，而且無論是用來研發專題或單純學習用都能很快上手。

——海帝・亨克爾

每一年新上市的控制板都增加了更強大的動力與更多特色；而在物聯網專題成為主流的此刻，我們觀察到機上無線功能激增。即使這不是你的主要目標，不過以下介紹的控制板還是能讓你的各種專題大加分。

文：凱利・伊根、梅麗莎・拉莫霍克斯、海帝・亨克爾、麥特・史特爾茲
譯：唐建明、編輯部

ADAFRUIT HUZZAH32

這個新款從原版 Huzzah 配備的 ESP8266 晶片改良成 ESP32，新增藍牙選項則讓使用者能變出諸如設定公用的 Wi-Fi 介面和私人的藍牙介面同時使用這種花招。我們的測試團隊也發現 ESP32 讓速度和 RAM 提升，所以在 Huzzah32 上使用線上應用程式時跑得很快。

Adafruit 將 Huzzah32 定義為開發者工具，意思是他們仍在改良軟體和文件。不過好消息是這也意味著，不久的將來我們最愛的 Circuit Python 開發系統可能會轉移到這款控制板上。除非你現在就想用 Circuit Python，不然 Huzzah32 應該會是目前 Feather 系列中可應用專題範圍最廣的控制板。

——麥特・史特爾茲

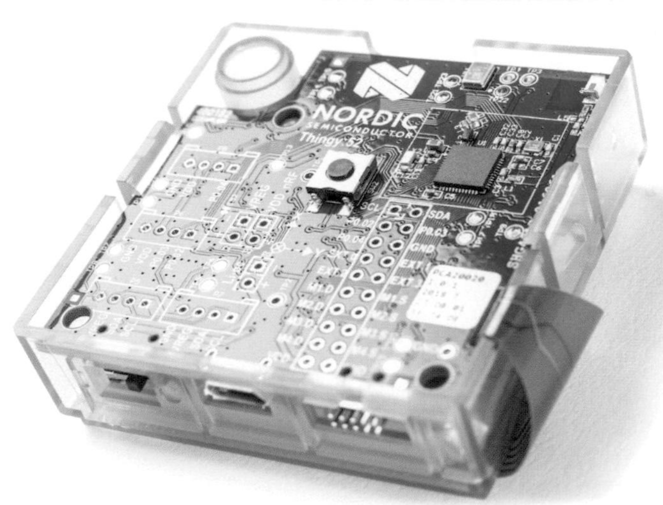

NORDIC THINGY:52

Nordic Thingy:52 讓你輕鬆上手物聯網裝置專題。這可不是普通的開發板，機上有的不是一大堆 GPIO 腳位，而是一大堆感測器、一個按鈕、和一個音響。你可以內建藍牙功能連接至手機或電腦取得網路。預寫好的軟體也使各種專題中運用 IFTTT 連接變得超簡單，例如搖一搖 Thingy 就可以點披薩外送。

——麥特・史特爾茲

微控制器大事記

現在的我們已經有完整的開發環境，可以輕鬆將程式碼傳送至控制板。不過在過去，要改寫晶片上的程式可不是那麼容易，需要很複雜的方式才能成功個幾次。

——彙整：赫普・斯瓦迪雅

1971 **Intel 4004【4位元】** Intel推出全球市場上第一個微處理器，於單晶片上內建CPU。

1974 **TMS 1000【4位元】** 德州儀器發布新的矽科技「微控制單元」（MCU），將成本和所需資源降到最小，掀起電子產業的革命。

1975 **PIC1650【8位元】** 通用儀器研發的PIC，設計近似於RISC（精簡指令集）的早期版本。

1976 **MCS-48 8048【8位元】** Intel推出該公司第一個真正的微控制器，雖然後來被MCS-51系列取代，但由於成本低、開發工具強大，仍可不時見於產品內建配備中。

1978 **Intel 8086【16位元】** x86架構晶片幾乎與所有今日可見的Intel和AMD晶片都相容，而它就是這一系列的濫觴。

1980 **MCS-51 8051【8位元】** Intel推出取代8048之作，時至今日仍是最被廣泛使用的微控制板之一。

第一款基於RISC指令集的設計叫做Gold，原本是加州大學柏克萊分校一堂大型積體電路（VLSI）課堂專題。結果專題規模過大，超過原本設計工具能力，使得團隊不得不重寫開發工具以應付這個複雜系統。

1981 完成後的RISC-I設計發表於計算機協會的國際計算機架構座談（ISCA）。這個簡化的教學版本減少了硬體需求，隱去設計過程的手腳，使今日電子裝置的微控制架構變為可能。

1983 艾康電腦與矽谷VLSI科技合作，官方的RISC機器專題始動。

1985 **PIC16C64【8位元】** Microchip推出8位元的EEPROM控制器PIC16C64，我們終於能夠輕鬆將程式覆寫到晶片上。

Intel 80386【32位元】 x86架構進化成32位元。

1990 Intel在電腦產業獨佔晶片市場的現象，註定了ARM系列的消亡。蘋果公司選擇以低價又低動力需求的32位元ARM晶片，為牛頓手持裝置提供動力。蘋果、VLSI和艾康組成安謀控股，將晶片設計架構授權消費者自行研發系統單晶片。

1993 **BASIC Stamp【8位元】** Parallax推出BASIC Stamp，是以PIC16C56XL為基礎的微控制器，配備內建BASIC轉譯器PBASIC。開發者可輕鬆編寫與覆寫晶片，使用者與裝置互動簡易度大幅提升。

PIC16C84【8位元】 Microchip將第一個PIC微控制器帶進市場，主打序列編程演算法和晶片內建EEPROM記憶體。

Hep Svadja

The STANDOUTS 脫穎而出

ARDUINO MKR WAN 1300

MKR WAN 1300是Arduino推出的一款低調、精巧的微控制器，專為滿足沒有設置IoT網路經驗，但想要製作相關專題的Maker而設計。它的厲害之處是機上的LoRaWAN與Murata CMW1ZZABZ模組相容。它提供低功耗廣域通訊網路，能設置在沒有Wi-Fi或藍牙覆蓋的地點，位於人口密集都會區或偏遠鄉村的專題都適用。外部5V和電池輸入（例如AA或AAA）的自動電源切換，讓你在沒有專用鋰聚電池組的地方也能輕鬆使用。

——梅麗莎・拉莫霍克斯

ORANGE PI PLUS 2E

深圳迅龍採納Armbian社群的意見後，對Plus 2進行了大幅改造，用無需共用頻寬的16GB eMMC和三個專用的USB2.0主機連接埠，使全新的Plus 2E擁有更大的I/O頻寬。他們也用2GB DDR3提升了系統記憶體。Plus 2E的相容作業系統選擇廣泛，包含Android、Ubuntu、Debian和大家熟悉的Raspbian。根據標準的Raspberry Pi配置，任何板上附加硬體（HAT，hardware attached on top）都適用，但要先檢查腳位相容性。

——梅麗莎・拉莫霍克斯

SEEED LINKIT 7697

LinkIt 7697內建Wi-Fi及藍牙，可用來連接網路和各項裝置，是一款多功能且價格親民的開發板。此開發板使用MediaTek MT7697晶片，雖然比起其他類似的Wi-Fi／藍牙開發板中常見的ESP32微控制器略遜一籌，卻仍遠勝Arduino Uno。在Arduino IDE中加入開發板資料及安裝USB驅動程式後，即可透過Arduino IDE編寫程式。Mac使用者也許還需要變更安全性設定，驅動程式才能運作。更詳盡的開發板使用説明請見MediaTek網站。

——凱利・伊根

TEENSY 3.5

Teensy 3.5 和同系列的 Teensy 相比很大隻，但因此擁有更多空間放類比和數位腳位，延續 Teensy 系列一貫可觀的 I/O 量和速度。另有 microSD 插槽、USB，亦可模擬 USB 裝置。在 Arduino IDE 加裝 Teensyduino 軟體後，與 3.5 介面互動就更順暢。你還可以在自己喜歡的 C 語言編輯器編寫程式，然後用 Teensy Loader 把檔案上傳到開發板。如果還想要更強大的功能，Teensy 3.6 也能買得到。

——海帝・亨克爾

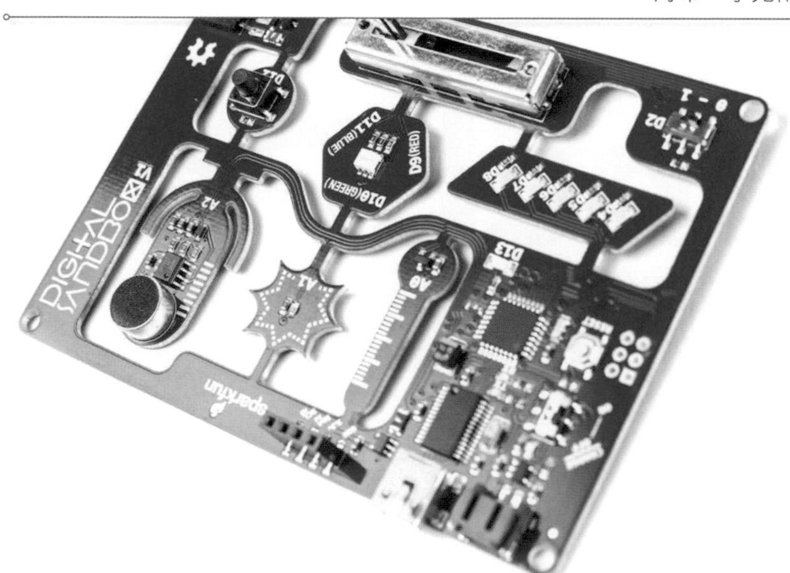

SPARKFUN DIGITAL SANDBOX

提供感測器、滑桿和其他機上控制及 I/O 的 SparkFun Digital Sandbox 是微控制器新手用來熟悉環境的好選擇。它採用和 Scratch 類似的親民視覺化程式語言 ArduBlock。（注意：ArduBlock 外掛程式在已安裝的 Arduino IDE 無法運作，但在自訂的 Arduino IDE 沒問題。）它提供多種實驗性功能，只要完成設定就能進行，不需要其他元件，甚至還有給馬達這類裝置的輸出排針。

——海帝・亨克爾

1996 Atmel推出AVR，由Alf-Egil Bogen和Vegard Wollan以AT90S8515開發。AVR家族包含Arduino類的開發板常見的ATmega系列和ATtiny系列。Maker和Atmel從此開始建立密切的關係。

1998 **PIC16F84A [8位元]** 允許更高時脈（最高20MHz）並採用快閃記憶體。

1999 **PICAXE [8位元]** 這款Rev-Ed推出的教育平臺因為低價和易於使用，在Maker社群廣為流行。

2003 **ATtiny26 [8位元]** Atmel開發ATtiny家族，最後用於Trinket和早期的Gemma。

Wiring[8位元] 俄南多・巴拉幹（Hernando Barragán）於伊夫雷亞互動設計學院（IDII），在馬西莫・班齊（Massimo Banzi）和凱西・利斯（Casey Reas）的指導下開始撰寫論文，根據Parallax Javelin Stamp微控制器開發Wiring。

2005 **Arduino[8位元]**班齊與大衛・梅里斯（David Mellis）和大衛・奎提耶雷斯（David Cuartielles）分頭進行Wiring專題，從Parallax Javelin Stamp轉換為較便宜的Atmel ATmega8 8位元控制器。這個新專題命名為Arduino。

2006 **MAKE Controller Kit [32位元]**《MAKE》推出以Atmel SAM7X晶片做為微控制器的MAKE控制器套件，初次為廣大Maker提供32位元架構。

P8X32A Propeller [32位元] Parallax推出的這款搭載八個32位元RISC CPU核心的多核心處理器平行電腦架構微控制器晶片，至今仍受廣泛應用。Maker們現在能使用具備VGA輸出、10個I/O腳位和一塊麵包板的演示板。

2012 **Arduino Due [32位元]** 第一款搭載ARM處理器的32位元Arduino板。

2014 Parallax於第22屆DEFCON（世界計算機安全大會）上，根據GNU General Public License 3.0自由軟體授權，以開源軟硬體形式釋出所有Propeller 1 P8X32A硬體及工具。Propeller 1晶片亦用於當年的DEFCON官方電子通行證。

Particle Photon [32位元] 搭載STM32 ARM Cortex-M3微控制器的Cypress WICED（內嵌裝置無線網路連線）架構開發板。

Intel Galileo [32位元] 以Intel Quark X1000為基礎的Arduino相容開發板，為Maker提供x86架構。

Arduino Zero [32位元] Arduino開始推出以Atmel SAMD21 MCU為基礎，搭載ARM Cortex-M0核心的設計，包含Atmel的嵌入式除錯器，免去複雜的除錯硬體需求。

2015 **Arduino 101 [32位元]** Arduino推出整合Intel Curie晶片的設計，能以原生Arduino環境存取x86。

micro:bit [32位元] BBC攜手Microsoft及ARM等超過20家廠商合作，設計開發以M0為基礎的微控制器板，在英國做為教育用途供應。

Feather 32u4 Basic Proto [32位元] 推出與MicroPython相容的類Arduino生態系統：Feather平臺。

2016 **Circuit Playground [32位元]** 具備豐富機上元件和感測器的這款Adafruit開發板成為強大的Maker工具。

2017 **Freedom Everywhere SoCPlatform [32位元 & 64位元]** SiFive推出以RISC-V架構為基礎，免費、開放的矽晶圓平臺，可供使用者自行編寫程式來研發微控制器。

Hep Svadja

載你升空的 LaunchPad

認識德州儀器的微控制器家族

文：特雷·傑爾曼　譯：唐建明

特雷·傑爾曼
Trey German
曾任德州儀器工程師，設計了多款 C2000 LaunchPad。離開德州儀器後，特雷創立了自己的電子公司 Polymorphic Labs。在改造電子元件之餘，他喜歡在世界各地搭乘自己的動力傘翱翔。

小知識： 這個生態系統從最初的 MSP430 LaunchPad 開始發展，售價 4.30 美元，成為當時史上最便宜的開發板，並開創了我們現在所見的低價開發板潮流。

德州儀器的LaunchPad和Arduino一樣，是容易使用的開發板及軟體生態系統，但擁有更多的功能和更強的效能。現在市面上有超過30種LaunchPad供選擇。

和 Arduino 的差異

硬體

LaunchPad不採用Arduino擴充板的尺寸規格，所以沒辦法和Arduino擴充板直接相容，但是可以用跳線連接。LaunchPad並未選擇擴充板，而使用自家BoosterPack外掛板自訂規格（圖A）。

I/O 電壓

5V驅動→3.3V：多數的LaunchPad採用3.3V，然而多數的Arduino採用5V。直接把5V訊號連接到3.3V的零件可能會損壞板子。但別擔心！3.3V和5V的系統可以用幾個電阻器來結合。

LaunchPad上每個腳位有一個連接到正極電源的二極體。在腳位上施以5V電壓時，二極體會形成順向偏壓，在陽極有5V，而在陰極有3.3V。這個路徑在沒有任何電阻的情況下，電流會跑到3.3V IC內部造成破壞。怎麼辦呢？只要在電流到達3.3V IC之前用10K電阻和5V訊號串聯（圖B），如此就可限制電流並讓

Hep Svadja

部分LaunchPad有第二組BoosterPack排針供功能更豐富的應用。這類排針名為J5到J8，編號41到80，和40腳位規格有相同功能（UART、I2C等）。

二極體抑制電壓到~4V，這樣裝置就能處理。

3.3V驅動→5V：因為用來偵測0/1電壓的臨界值已經夠低，多數的5V系統會把3.3V判定為1，所以用3.3V操作5V系統時不需變更。

軟體

Energia：Energia是LaunchPad的開源IDE。雖然LaunchPad不是Arduino，但用Energia就可以讓它們執行相同的草稿碼。怎麼辦到的？每臺微控制器都不一樣，所以嵌入式軟體開發人員常會建立一個硬體抽象層（HAL）作為每個專題的基礎。這讓寫出來的軟體應用程式具有可攜性（可應用於不同的微控制器）。Arduino的HAL有所有可以呼叫的函數，例如digitalWrite和analogRead。Energia在LaunchPad中重現了這些函數，讓Arduino專題可以在LaunchPad編譯和執行。

注意：ENERGIA並非支援所有版本的LAUNCHPAD。為專題選購開發板之前，請先在他們的網站查詢。

CCS和CCS Cloud：Code Composer Studio是德州儀器為自家的微控制器打造的全專業開發環境。它是個非常強大的工具，但入門困難、學習曲線相當陡，所以我不會推薦給一般的Maker。值得一試的是CCS Cloud，它是適用德州儀器裝置和LaunchPad的線上IDE，具備Energia的所有功能，並且可以為程式碼除錯。

為專題選擇最適用的LaunchPad

德州儀器的網站上列有32種不同的LaunchPad。有選擇固然很好，但要為專題挑選時就有些眼花撩亂。我們這就把它弄清楚！

LaunchPad有四個家族：SimpleLink（無線通訊）、MSP430（超低功耗）、C2000（即時控制）和Hercules（安全性）。C2000和Hercules在Maker社群中的支援尚未成熟，所以我們先聚焦在MSP430和SimpleLink。

SIMPLELINK

如果需要Wi-Fi、藍牙或其他無線應用，就試試SimpleLink家族。最新也最強的型號是CC3220SF LaunchPad，它支援802.11 b/g/n網路連線。超過50美元的價格讓它成為較高價的LaunchPad機型之一，但幾乎適用任何Maker專題。

MSP430

MSP430系列是LaunchPad家族的開端，完美融合效能和價格。我最喜歡的是經典的MSP430F5529 LaunchPad，價格只要13美元。最近MSP430家族以MSP432系列跨入32位元世界，它們採用ARM Cortex M4F處理器，適合需要較高處理能力的應用，而且也只要13美元。

啟程

LaunchPad到手後，綻放光芒的時候就到了！但這次要發光的不是你本人，而是LED。前往dev.ti.com，選取CCS Cloud。要有德州儀器的帳戶才能使用這個工具，但註冊很簡單而且完全免費。

登入後，會看到空白的IDE。按下「File」（檔案）→「New Energia Sketch」（新的Energia草稿碼）。為草稿碼命名（我取名*First_Blink*），並選取所使用的開發板。展開資料夾*Built-in Examples*（內建範例）→*01.Basics*（基礎），並選取*Blink.ino*草稿碼。接著按下「Finish」（完成）（圖C）。這樣就建立了你的第一個專題。

接著在LaunchPad上執行。把LaunchPad透過USB線插入電腦，使它能安裝任何驅動程式，接著按下CCS Cloud裡面的綠色「Run」（執行）按鈕。IDE會編譯你的程式碼，並下載到LaunchPad。幾秒鐘後，就會看到板子上的LED閃爍。很簡單吧！這樣熱身完成後，還有很多等著你探索。試試其他的範例、修改它們、執行除錯、連接外部硬體，做出自己的專題。

Brains On Board

AIY Voice 語音套件

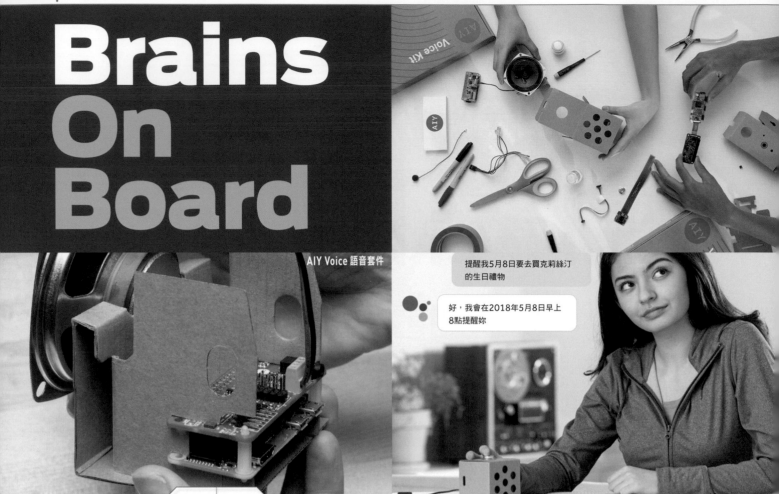

提醒我5月8日要去買克莉絲汀的生日禮物

好，我會在2018年5月8日早上8點提醒妳

會動腦的開發板

讓這三款套件幫你把電子專題連接到強大的AI

文：凱利．伊根 譯：唐建明

凱利．伊根 Kelly Egan 是居住在羅德島州普洛威頓斯的藝術家、老師兼創意程式工程師。他是「巴爾的摩節點」（Baltimore Node）和「海洋之州 Maker 磨坊」（Ocean State Maker Mill）的創始成員。

Google AIY, Matrix Labs

你或許製作過遙控寵物給食器、自動門鎖或機器人，這些都是很好的Maker專題，但通常都少了一個可以讓它們更進一步的要素：一點點智慧。如果你的給食器知道要餵貓，但不會給松鼠食物，或者可以在空不出手的時候叫門自己打開呢？還有，誰不想要有可以聊天的機器人？AI可以讓一個好的專題變成嚇嚇叫。以下這些新登場的套件，讓你在專題裡突顯AI的力量。

AIY VOICE 語音套件

aiyprojects.withgoogle.com/voice

整個Google AIY Voice語音套件配置的核心就是Voice Hat：一款適用Raspberry Pi Zero的外掛板。Voice Hat其實沒有內建（onboard）語音處理能力，這部分是由Google的雲端（或Amazon的Alexa等其他服務）來處理。Voice Hat主要提供一個不錯的音響擴大器和具備立體聲麥克風的第二塊板子。

初代的Voice Hat採用完整的Pi來擴充多個I/O腳位，提供空間來輕鬆加裝伺服馬達和驅動更高電流負載（最高500mA）。較新的版本採用Pi Zero，能力比較有限，但至少你不用自己買Pi Zero。

AIY VISION 視覺套件

aiyprojects.withgoogle.com/vision

和Voice語音套件一樣，AIY Vision視覺套件也有Raspberry Pi Zero的外掛板、厚紙板外殼和遊戲機臺按鈕。但這塊名為VisionBonnet的開發板具有真正在無雲端情況下進行機上影像分析的能力。它採用Intel Movidius MA2450視覺晶片，搭配Raspberry Pi相機模組。MA2450是為手機等低功耗環境設計，並幫助Pi處理相機即時影像串流所產生的大量資料，讓這臺小裝置能快速處理輸入資料，並辨識人臉和其他物體。

Google的範例程式碼提供可辨識人臉、表情和貓狗等物體的預先訓練模型。你還可以訓練自己的模型，但是沒辦法在裝置本身進行，需要深入研究Google的TensorFlow這種學習環境。從數千張影像來分類物體的程序對這種小裝置而言過於密集，無法在合理的

時間內完成，但是如果想要做出視覺回應介面，又沒有昂貴的電腦和顯示卡，這臺裝置仍然很強大好用。

Pi Zero的規格沒辦法容納像Voice Hat的擴充腳位來安裝驅動高負載的電容器，但仍然有四個Pi的I/O腳位、電源和接地，讓你連接額外的輸入輸出。你也遲早會想要做一個更堅固的外殼，因為隨附的紙板外殼在幾次重新組裝後就會過度耗損。

MATRIX VOICE 語音套件

matrix.one/products/voice

Matrix Voice是這三款開發板裡面最強大的，具有8聲道麥克風陣列和音訊處理晶片。這是Matrix Labs繼第一款較高價位但功能也更完整的Matrix Creator之後推出的開發板。Matrix的開發板採用現場可程式化邏輯閘陣列（FPGA）來處理來自8聲道麥克風陣列的原始音訊輸入，執行消噪和波束賦形等程序。Matrix在FPGA預先寫入了很多我們需要的音訊演算法，但你還是可以自行做其他嘗試。和AIY Voice套件一樣，用來把使用者的語句轉換成可用的指令的語音辨識和自然語言處理的工作，是由Google或Amazon等雲端服務進行。Matrix Voice支援的功能比AIY Voice還多一些，具備喇叭輸出和麥克風插孔、LED環和額外的I/O腳位。如果買搭配ESP32晶片的版本，則有或沒有Raspberry Pi都能使用這塊板子。Matrix Labs把他們的開發板視為IoT裝置和應用程式平臺的一部分，甚至提供一個程式檔案庫（repository），讓你輕鬆把其他人的應用程式新增到自己的附加Matrix之Pi板配置。

• • •

如果用Google Assistant或Amazon Alexa等語音助理來搭配AIY Voice或Matrix Voice，都需要在這些雲端服務完成工作量可觀的設定，要回答關於自己撰寫中的應用程式相關問題，並且建立權杖（token）和憑證來連結裝置、應用程式和不同的雲端服務。這個程序有說明文件可參考，但並不是很清楚。此外，Pi本身也需要設定硬體和安裝開發環境及範例。組建過程發生困難的時候，具備一些Linux或Raspberry Pi環境的背景會有幫助。這些開發板的一大優勢在於對原始音訊及視訊輸入的預先處理，而且只要加上音訊板，很多Google Assistant和Amazon Alexa等雲端服務的AI功能就能透過簡單的Raspberry Pi電腦來存取。所以何不幫你的下一個專題增添一些智慧呢？

跟我一起這樣走

擁有感測器陣列與強大卻親民的電腦，SKYDIO R1會跟著你到處跑

文：麥克．西尼斯 譯：屠建明

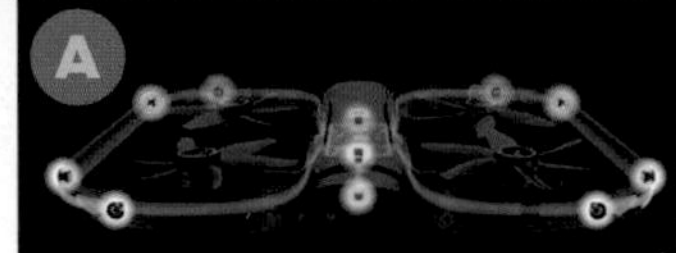

Follow the Leader

多軸飛行器製造商一直宣稱要為大家提供個人化飛行攝影機，能自動在上空追蹤並判斷最佳角度和動作，以拍出專業級的影像。有一部分已經成真了：飛行器電腦視覺軟體已擁有追蹤功能，讓使用者能在飛行器上設定各種拍攝風格。但完整的空間感知，亦即辨識和迴避來自各個方向障礙物的能力，目前仍發展有限，代表自動飛行時的撞擊仍然是機率不低的風險。

這時Skydio R1登場了。它是一款新的四軸飛行器，採用強大的AI處理能力和各種視覺感測器來追蹤和拍攝目標，同時能在幾乎任何環境飛行，例如森林、騎樓下、磚牆邊。《MAKE》這次有機會測試，發現它效果出奇好，在我們跑過加州紅木城Skydio辦公室後方人滿為患的庭院時，也能緊跟著我們，優雅地閃過樹木、柱子和一臺已舉起的升降機。

> 「本產品的厲害之處在於軟體。」
> ——Skydio執行長亞當．布萊

R1能快速消化12臺機上攝影機的視覺資料、建立六對供左右眼建立立體影像的像對（圖A），產生周遭所有東西的3D地圖，同時用第13臺攝影機追蹤目標，並錄製4K影片。追蹤過程中，它會不斷調整飛行路徑來繞過、穿過或從下面飛過各種障礙物，無論側飛或倒退都沒問題。

在必要的處理效能方面，R1搭載強大的Nvidia Jetson TX1，它是針對視覺AI應用的面板（並且為Maker提供開發套件組態形式）。然而Skydio認為真正的關鍵在於內部。Skydio共同創辦人兼執行長亞當．布萊（Adam Bry）說：「本產品的厲害之處其實在於軟體。」

布萊和他的兩位夥伴是在麻省理工學院研究所認識，接著他轉往Google協助建立專攻實驗性飛行計劃的Project Wing部門。他們在2014年離開該公司，創立Skydio，展開硬體的原型設計和改良，直到R1在2018年初問世。

要價2,500美元的R1與其說是玩具，不如說是剛好會飛的強大電腦。雖然初代產品以運動員個人自拍為目標，其中蘊藏的技術將有工業應用和更多方面的潛力。

Skydio

用「體積像素檢視模式」一窺R1繪製障礙物位置的方法。

[+] 歡迎前往makezine.com/go/skydio，和《MAKE》一同拜訪Skydio總部。

麥克．西尼斯
Mike Senese
《MAKE》雜誌總編輯。

登板時刻 讓我們的2018年開發板指南給你一目了然的比較

文：麥特・史特爾茲　譯：屠建明

Maker的自我表達方式不斷增加，但有一個不變的要素：專題必須有控制器。別擔心，《MAKE》的年度開發板指南，會幫助你快速掌握情勢，選出最適合你需求的控制板。今年的指南中，我們把74塊板子分成三類：微控制器（MCU）、單板電腦（SBC）和現場可程式化邏輯閘陣列（FPGA），附上規格和詳細資料，讓你輕鬆比較。雖然不是全世界的開發板都在這個清單裡，你會看到多數最新和評價最高的機型。我們也附上一些《MAKE》團隊最喜歡的擴充板和無線裝置選項，幫助你更快速往下一個專題邁進。

如果想看更多開發板和評論，歡迎參考我們的線上「Maker開發板指南」：makezine.com/comparison/boards

微控制器

開發板名稱	價格（美元）	尺寸	軟體	時脈速度	處理器	記憶體	數位腳位	類比腳
Adafruit Circuit Playground	$20	2" 直徑	Arduino	8MHz	8-bit ATmega32U4	32KB flash, 2KB RAM, 1KB EEPROM	1–10	7–12
Adafruit Circuit Playground Express	$25	2" 直徑	Arduino/C/MicroPython/PXT/TypeScript	48MHz	32-bit ATSAMD21	256KB	8	8 (1 DA
Adafruit Feather 32u4 Bluefruit LE	$30	2"×0.9"	Arduino/C	8MHz	8-bit ATmega32U4	32KB flash, 2KB RAM	20	6
Adafruit Feather 32u4 RFM96 LoRa Radio - 433MHz	$35	2"×0.9"	Arduino	8MHz	8-bit ATmega32U4	32KB flash, 2KB RAM	20	10
Adafruit Feather Huzzah	$17	2"×0.9"	Arduino/C/MicroPython/JavaScript/Lua	80MHz	32-bit ESP8266	4MB flash	9	1
Adafruit Flora	$15	1.8" 直徑	Arduino	8MHz	8-bit ATmega32U4	32KB flash	1–10	4–6
Adafruit Gemma v2	$10	1" 直徑	Arduino	8MHz	8-bit ATtiny85	8KB flash	1–10	1–3
Adafruit Gemma M0	$10	1.1" 直徑	Arduino/C/MicroPython	48MHz	32-bit ATSAMD21	256KB	3	3 (1 DA
Adafruit Huzzah32	$20	2"×0.9"	Arduino	240MHz	32-bit dual-core Tensilica LX6	4MB flash, 520KB SRAM	8–11	6–1
Adafruit Metro M0 Express	$25	2.8"×2"	Arduino/C/MicroPython	48MHz	32-bit ATSAMD21	256KB	24	6 (1 DA
Adafruit Trinket 3.3V & 5V	$7	1.1"×0.6"	Arduino	8MHz or 16MHz	8-bit ATtiny85	8KB flash	5	3
Arduino Mega	$46	4"×2.1"	Arduino	16MHz	8-bit ATmega2560	256KB flash	50+	7–1
Arduino MKR WAN 1300	$39	2.7"×1"	Arduino	48MHz	32-bit SAMD21 Cortex-M0+	256KB flash, 32KB RAM	8–15	7
Arduino MKR1000	$35	2.6"×1"	Arduino	32MHz	32-bit SAMD21 Cortex-M0+	32KB flash	1–10	7–1
Arduino Uno	$25	2.7"×2.1"	Arduino	16MHz	8-bit ATmega328PU	32KB flash	11–20	4–
Bare Conductive Touch Board	$69	3.3"×2.4"	Arduino	16MHz	8-bit ATmega32U4	32KB flash, microSD	11–20	7–1
BBC micro:bit	$15	1.97"×1.57"	其他	16MHz	32-bit ARM Cortex-M0	16KB RAM	11–20	4–
ChipKIT Lenny	$25	2.7"×2.1"	Arduino IDE搭配chipKIT核心	40MHz	PIC-32MX270F256D	256KB flash, 64KB RAM	1–26	1–
ChipKIT uC32	$30	2.7"×2.1"	Arduino IDE搭配chipKIT核心	80MHz	PIC32MX340F512H	512KB flash, 32KB RAM	47	12
ChipKIT Wi-FIRE	$80	3.5"×2.1"	Arduino IDE搭配chipKIT核心	200MHz	PIC-32MZ2048EFG100	2MB flash, 512KB RAM	43	12
DFRobot Leonardo with Xbee	$20	2.8"×2.2"	Arduino	16MHz	8-bit ATmega32U4	32KB flash	11–20	7–

無線	視訊	內建乙太網路	輸入電壓	電池連接	工作電壓
—	—	—	3V–6V	✓	3.3V
—	—	—	3V–6V	✓	3.3V
luetooth	—	—	3.7V–5V	✓	3.3V
LoRa	—	—	5V	✓	3.3V
Wi-Fi, uetooth	—	—	3.7V–5V	✓	3.3V
—	—	—	3.5V–16V	✓	3.3V
—	—	—	4V–16V	✓	3.3V
—	—	—	3V–6V	✓	3.3V
Wi-Fi, uetooth	—	—	3.3V–5V	✓	3.3V
—	—	—	6V–12V	—	3.3V
—	—	—	3.3V–16V	—	3.3V or 5V
—	—	—	6V–20V	—	5V
LoRa	—	—	5V	✓	3.3V
Wi-Fi	—	—	5V–6V	✓	3.3V
—	—	—	6V–20V	—	5V
—	—	—	3V–5.5V	✓	5V
etooth	—	—	1.8V–3.3V	✓	3.3V
etooth	—	—	6.5V–12V	✓	3.3V
—	—	—	7V–15V	—	3.3V
i-Fi	—	—	7V–15V	—	3.3V
i-Fi, etooth	—	—	6V–12V	—	5V

拓展更多可能

最新的微控制器開發板和單板電腦，讓我們愈來愈容易實現電子裝置的構想。然而初學者還是很有可能在打造擴充開發板功能所需的電路時迷失方向（而專業人員根本不想浪費時間從頭開始製作電路）。這就是針對Arduino、樹莓派、BeagleBone等擴展板派上用場的時候。這類板子能裝在開發板上，提供特定的功能。拜Arduino和BeagleBone這些開發板的普及和規格化所賜，現在市面上已有數百種擴展板。以下幾種值得你參考。

Arduino擴展板（SHIELD）

SPARKFUN WHEATHER SHIELD

讓這款裝備齊全的擴展板把你的Arduino變成一座個人天氣觀測站，它具備溫度、相對濕度、亮度和氣壓感測器。想要更多嗎？這款板子也有可以和雨量、風速感測器銜接的排針，還有GPS排針來增添精確的時間和位置資訊。

1SHEELD

我們的手機充滿適用於專題的感測器和功能。1Sheeld採用藍牙通訊和特殊的應用程式，把這些感測器和Arduino連結。

SYNTHETOS GRBLSHIELD

這塊板子讓打造基本的三軸CNC機器變簡單。很多CNC會採用這塊板子進行控制，或至少採用它的基礎電路。當然，需要精確動作控制的不只是CNC，萬聖節機器道具或自動化寵物給食器都用得到grblShield。

ADAFRUIT 16-CHANNEL SERVO SHIELD

連接很多個伺服馬達是很麻煩的事。驅動每個馬達所需的電力和PWM腳位會牽制專題裡大量的資源。這塊擴展板使用內建驅動晶片來透過I2C從Arduino接收指令，替微控制器做所有粗工。

Adafruit

微控制器

開發板名稱	價格（美元）	尺寸	軟體	時脈速度	處理器	記憶體	數位腳位	類比腳
Espruino	$40	2.1"×1.6"	Espruino JavaScript Interpreter	32MHz	32-bit STM32F103RCT6 ARM Cortex-M3	256KB flash	21–50	13+
Espruino Pico	$25	1.3"×0.6"	Espruino JavaScript Interpreter	84MHz	32-bit ARM Cortex-M4	384KB flash, 96KB RAM	22	9
Espruino WiFi	$35	1.2"×0.9"	Espruino JavaScript Interpreter	100MHz	32-bit ARM Cortex-M4	512KB flash, 128KB RAM	21	8
LilyPad Arduino USB	$25	2" 直徑	Arduino	16MHz	8-bit ATmega32U4	32KB flash	5	4
MicroPython Pyboard v1.1	$45	1.7"×1.66"	MicroPython	100MHz	32-bit STM-32F405RG ARM Cortex-M4	1024KB flash, microSD	21–50	13+
Netduino 3	$70	3.3"×2.1"	.Net Micro Framework 4.3	100MHz	32-bit STM32F427VI	384KB flash	21–50	4–6
Nordic Thingy:52	$42	2.4"×2.4"	Nordic Thingy	64MHz	nRF52832	512KB flash, 64KB RAM	12–30	12–3
Particle Electron	2G版本$49/ 3G版本$69	2"×0.8"	Arduino	100MHz	32-bit STM32F205 ARM Cortex-M3	1MB flash	21–50	7–12
Particle Photon	$19	1.44"×0.8"	Arduino	100MHz	32-bit STM32F205 ARM Cortex-M3	1MB flash	11–20	7–12
PJRC Teensy 3.2	$20	1.4"×0.7"	Arduino	32MHz	32-bit MK20DX256 ARM Cortex-M4	256KB flash	21–50	13+
PJRC Teensy 3.5	$14	2.5"×0.7"	Arduino	120MHz	32-bit ARM Cortex-M4	1MB flash, 256K RAM, 4KB EE-PROM, microSD	37–62	25
PJRC Teensy 3.6	$29	2.5"×0.7"	Arduino	180MHz	32-bit ARM Cortex-M4	1MB flash, 256K RAM, 4KB EE-PROM, microSD	37–62	25
Realtek RTL8710	$4	0.945"×0.63"	FreeRTOS	32MHz	32-bit ARM Cortex-M3	1MB flash, 512KB RAM	11–20	Đ
Seeed LinkIt 7697	$15	1.9"×1"	LinkIt SDK搭配GCC、IAR嵌入式工作臺或KEIL uVision	192MHz	32-bit ARM Cortex-M4	4MB flash, 352KB RAM	18	1–3
Sino:bit	$29	3.615"（外觀八邊形）	其他	16MHz	32-bit ARM Cortex-M0	256KB flash, 16KB RAM	8–11	6
SparkFun Blynk Board	$29	2"×1.66"	Blynk app	16MHz	32-bit ESP8266EX	4MB flash, ~50KB RAM	1–10	4–
SparkFun Digital Sandbox	$50	4.175"×2.95"	Arduino	8MHz	8-bit ATmega328	32KB flash, 2KB RAM	1–3	2
SparkFun ESP32 Thing	$19	2.35"×1"	ESP-IDF工具鍊或Arduino	240MHz	32-bit ESP32	16MB flash, 520KB RAM	28	18
SparkFun ESP8266 Thing	$16	2.18"×1.02"	Arduino	80MHz	32-bit ESP8266	512KB flash	7	1
SparkFun RedBoard	$20	2.7"×2.1"	Arduino	16MHz	8-bit ATmega328	32KB flash	14 (6 PWM)	1–
SparkFun RedStick	$20	2.6"×0.7"	Arduino	16MHz	8-bit ATmega328P	32KB flash	14 (6 PWM)	1–
STEMtera Breadboard	$45	4.4"×3.1"	Arduino	16MHz	8-bit ATmega328P and 8-bit ATmega32U2	32KB flash, 2KB RAM	11–20	4–
Texas Instruments MSP430F5529 LaunchPad	$13	2.9"×2.3"	Energia、Code Composer或其他	25MHz	16-bit MSP430F5529	128KB flash, 8KB RAM	35	8
Texas Instruments MSP432P401R LaunchPad	$13	3.76"×2.32"	Energia、Code Composer或其他	48MHz	32-bit ARM Cortex-M4	256KB flash, 64KB RAM	35	8
Texas Instruments SimpleLink CC3220SF LaunchPad	$50	4.05"×2.3"	Energia、Code Composer或其他	80MHz	32-bit ARM Cortex-M4	1MB flash, 256KB RAM	35	6
Thunderboard Sense	$36	1.77"×1.18"	Simplicity Studio	32MHz	32-bit ARM Cortex-M4	256KB flash	11–20	13
TinyLily Mini	$10	0.55" 直徑	Arduino	8MHz	8-bit ATmega328P	32KB flash	1–10	4
WiPy	$32	1.7"×1"	Arduino	32MHz	32-bit TI CC3200 ARM Cortex-M4	2MB flash	21–50	1

無線	視訊	內建乙太網路	輸入電壓	電池連接	工作電壓
—	—	—	3.6V–15V	✓	3.3V
—	複合端子或VGA埠	—	3.3V–16V	—	3.3V
Wi-Fi	複合端子或VGA埠	—	3.5V–5V	—	3.3V
—	—	—	2.7V–5.5V	✓	3.3V
—	—	—	3.6V–10V	—	3.3V
—	—	—	7.5V–12V	—	3.3V
Bluetooth	—	—	5V	✓	3.3V
—	—	—	3.9V–12V	✓	3.3V
Wi-Fi	—	—	3.6V–5.5V	—	3.3V
—	—	—	3.6V–6V	—	3.3V
—	—	—	5V	—	5V
—	—	—	5V	—	3.3V
Wi-Fi	—	—	5V	—	3.3V
i, Bluetooth	—	—	5V	—	3.3V
luetooth	—	—	1.8V–3.3V	✓	3.3V
Wi-Fi	—	—	3.7V–6V	✓	3.3V
—	—	—	5V	✓	5V
, Bluetooth	—	—	5V	✓	3.3V
Wi-Fi	—	—	3.3V–6V	✓	3.3V
—	—	—	7V–15V	—	3.3V
—	—	—	2V–6V	—	5V
—	—	—	6V–20V	—	5V
—	—	—	3.3V	—	3.3V
—	—	—	3.3V	—	3.3V
Bluetooth	—	—	3.3V	—	3.3V
Bluetooth	—	—	2V–5.5V	—	3.3V
—	—	—	2.7V–5.5V	—	3V
i-Fi	—	—	3.3V–5.5V	—	3.3V

樹莓派擴展板（HAT）

PAPIRUS EINK HAT

專題裡的顯示器幾乎永遠是取捨的難題。低功率顯示器的亮度不足以在太陽下讀取，而高亮度的顯示器耗電又太快。eInk提供幾乎任何光線下都清晰易讀，而且耗電超低的顯示器，同時解決這兩個問題。PaPiRus eInk Hat的更新速度不足以看影片，但能讓你在Pi專題輕鬆增添文字和圖案，而且好看。

PIMORONI ENVIRO PHAT

和SparkFun天氣擴展板一樣，Enviro pHat為Pi Zero增添很多基本的環境感測器，例如溫度、氣壓和亮度。此外，它在機上有顏色感測器、三軸加速規和羅盤，透過自訂的Python資料庫都能輕鬆存取。

RASPIO ANALOG ZERO

用Raspberry Pi這種單板電腦取代傳統MCU的一個缺點在於缺少讀取感測器要用的類比腳位。RasPiO是簡單的8頻道類比輸入板，沒有其他花俏的功能。有時候這就是你需要的。

Beagle Bone 擴展板（CAPE）

GETLAB PRUDAQ CAPE

電腦的思考是數位的，但真實世界是類比的。把類比資料轉換成數位訊號有時候很麻煩，也常會遺失太多使用者想要記錄的資料。Prudaq有一個10位元類比轉數位比較器，以Google Research開發的軟體為基礎，讓使用者分析身處的世界。

DLP LIGHTCRAFTER DISPLAY 2000 評估模組

來自德州儀器的這塊擴充板能把BeagleBone Black變成DLP投影機。它的亮度和解析度可能不是頂尖，但有一臺口袋型Linux投影機還是很酷。

單板電腦

開發板名稱	價格(美元)	尺寸	軟體	時脈速度	處理器	記憶體	數位腳位	類比腳
Asus Tinker Board	$60	3.37"×2.125"	Debian Linux	1.8GHz	64-bit RK3288	2GB 雙通道 DDR3	40	–
Banana Pi M2 Berry	$36	3.6"×2.4"	Linux	1GHz	32-bit 4核心 Cortex-A7 V40	1GB DDR3 SDRAM	26	–
BeagleBoard PocketBeagle	$25	2.1"×1.4"	Linux	1GHz	32-bit Arm Cortex-A8	512MB DDR3	40	8 ADC (6 at 1.8 2 at 3.3
BeagleBoard-X15	$270	4"×4.2"	Linux	1GHz	32-bit AM5728 ARM Cortex-A15	4GB 8-bit eMMC	50+	–
BeagleBone Black	$55	3.4"×2.1"	Linux	1GHz	32-bit AM335X ARM Cortex-A8	4GB eMMC	50+	7–12
BeagleBone Black Wireless	$69	3.4"×2.1"	Linux	1GHz	32-bit AM335X ARM Cortex-A8	4GB eMMC	50+	7–12
BeagleBone Blue	$82	3.4"×2.1"	Debian Linux搭配Cloud9 IDE和libroboticscape	1GHz	32-bit ARM Cortex-A8, ARM Cortex-M3, TI PRU	512MB RAM, 4GB eMMC flash	8	4
LattePanda 2G/4G	$129/$159	2.75"×3.42"	Windows 10	1.92GHz	64-bit Intel CherryTrail	2GB/4GB	1–11	1–5
Nvidia Jetson TX1 Dev Kit	$499	6.7"×6.7"	基於Linux的JetPack SDK	1.73GHz	64-bit ARM Cortex-A57	4GB 64-bit LPDDR4	40+	–
Nvidia Jetson TX2 Dev Kit	$599	6.7"×6.7"	基於Linux的JetPack SDK	2GHz	64-bit ARMv8	8GB L128-bit DDR4	40+	–
ODROID-XU4	$59	3.3"×2.3"	Linux	2GHz	32-bit Samsung Exynos5422/32-bit 8核心 Cortex-A7	2GB RAM	25	2
Onion Omega2	$5	1.1"×1.7"	Linux	580MHz	32-bit MIPS	128MB	1–17	–
Orange Pi Plus 2E	$60	5"×4"	Linux	1.3GHz	32-bit 4核心 ARMv7 Allwinner H3	2GB DDR3 RAM, 16GB flash	29	–
Parallella	$99	3.5"×2.1"	Linux	1GHz	雙核心 32-bit ARM Cortex-A9 with NEON at 1GHz	1GB DDR3	21–50	–
Qualcomm DragonBoard 410c	$75	2.12"×3.35"	Android, Linux, Windows 10 IoT	1.2GHz	64-bit Snapdragon 410	1GB LPDDR3 533MHz, 8GB flash	12	–
Raspberry Pi 3	$35	3.4"×2.2"	Linux	1.2GHz	64-bit Broadcom BCM2837	1GB LPDDR2-900 SDRAM	29	–
Raspberry Pi 3 B+	$35	3.4"×2.2"	Linux	1.4GHz	64-bit Broadcom BCM2837B0	1GB LPDDR2	29	–
Raspberry Pi Zero	$5	1.18"×2.56"	Linux	1GHz	32-bit Broadcom ARMv6	microSD	21–50	–
Raspberry Pi Zero W	$10	1.18"×2.56"	Linux	1GHz	32-bit Broadcom ARMv6	microSD	21–50	–
Samsung Artik 10	$150	6.3"×4.13"	Linux	1GHz	32-bit 4核心 Cortex-A15 & quad-core Cortex-A7	2GB DRAM, 16GB flash	11–20	7–
Seeed Studio BeagleBone Green Wireless	$45	3.4"×2.1"	Linux	1GHz	32-bit ARM AM335x Cortex-A8	512MB RAM, 4GB eMMC	50+	7–
VoCore2	$18	1"×1"	Linux	100MHz	16-bit MT7628AN, 580MHz, MIPS 24K	128MB, DDR2, 166MHz	21–50	4–

FPGA

開發板名稱	價格(美元)	尺寸	軟體	時脈速度	處理器	記憶體	數位腳位	類比
Snickerdoodle Black	$195	2"×3.5"	Linux	866MHz	雙核心 Xilinx Zynq 7020 + 32-bit ARM Cortex-A9	1GB RAM, microSD	182	3
Snickerdoodle One	$95	2"×3.5"	Linux	667MHz	雙核心 Xilinx Zynq 7010 + 32-bit ARM Cortex-A9	512MB RAM, microSD	157	3
Snickerdoodle Prime	$145	2"×3.5"	Linux	667MHz	雙核心 Xilinx Zynq 7020 + 32-bit ARM Cortex-A9	512MB RAM, microSD	182	3

無線	視訊	內建乙太網路	輸入電壓	電池連接	工作電壓
Wi-Fi, Bluetooth	HDMI	✓	5V	–	5V
Wi-Fi, Bluetooth	HDMI	✓	5V	–	3.3V
–	–	–	5V	–	3.3V
–	HDMI	✓	12V	–	3.3V
–	Micro-HDMI	✓	5V	–	1.8V and 3.3V
Wi-Fi, Bluetooth	Micro-HDMI	–	5V	–	1.8V and 3.3V
Wi-Fi, Bluetooth	–	–	9V–18V	✓	1.8V–7.4V
Wi-Fi, Bluetooth	HDMI	✓	5V	–	5V
Wi-Fi, Bluetooth	HDMI	✓	5.5V–19.6V	–	19V
Wi-Fi, Bluetooth	HDMI	✓	5.5V–19.6V	–	19V
–	HDMI	✓	5V	–	1.8V
Wi-Fi	–	–	3.3V	–	3.3V
Wi-Fi	HDMI	✓	5V	–	3.3V
Wi-Fi	HDMI	✓	3.3V	–	1.5V
Wi-Fi, luetooth	HDMI	–	6.5V–18V	–	1.8V
Wi-Fi, uetooth	HDMI	✓	5V	–	3.3V
Wi-Fi, uetooth	HDMI	✓	5V	–	3.3V
–	Micro-HDMI	–	5V	–	3.3V
Wi-Fi, uetooth	Micro-HDMI	–	5V	–	3.3V
Wi-Fi, uetooth	Mini-HDMI	✓	3.4V–5V	–	3.3V
Wi-Fi, uetooth	–	–	5V	–	1.8V and 3.3V
Wi-Fi	–	✓	3.6V–6V	–	3.3V

無線	影像	內建乙太網路	輸入電壓	電池連接	操作電壓
Bluetooth, BLE	–	–	3.7V–17V	–	1.8V–3.3V
Wi-Fi	–	–	3.7V–17V	–	1.8V–3.3V
Bluetooth, BLE	–	–	3.7V–17V	–	1.8V–3.3V

無線化

Wi-Fi無所不在，而所有想得到的裝置裡都有藍牙，所以何必讓我們的專題受銅線的牽制呢？以下是給微控制器和單板電腦的一些無線選項。

DRAGINO LORA SHIELD

LoRa是「Long Range」（遠距離）的縮寫，並且是在你還沒準備好要升級成有執照的無線電系統，但想要把無線連線帶到沒有Wi-Fi、手機網路或其他連線的地方時可以用的標準。Dragino LoRa擴展板讓你輕鬆在現有的Arduino上加裝LoRa。

XBEE SHIELD

在Arduino問世後不久，無線技術就變得很熱門，其中XBee成為最佳的解決方案。雖然藍牙和Wi-Fi比較容易使用，也較普及，但XBee仍然是很棒的選項。XBee的模組很精巧，上面的腳位配置無法搭配一般的麵包板間隔。SparkFun的這款擴展板功能就在於讓你加裝XBee無線電。

WINC1500 WIFI SHIELD

Wi-Fi是最可能被用來提供無線連線的選項。有愈來愈多微控制器有內建Wi-Fi，但因為有各種外掛模組，你不用擔心要怎麼替換現有的專題開發板。Adafruit的WINC1500擴展板具備內建天線或讓你加裝外掛天線的能力。

BLUEFRUIT EZ-LINK

如果Wi-Fi不合你的風格，那你會選的八成就是藍牙。Adafruit推出的Bluefruit EZ-Link可以設定為Arduino專題的程式編輯器。這塊小外掛板不是完整的擴展板，所以不會佔據太多的機殼內空間。

ADAFRUIT FONA

GSM是全球最常見的手機通訊服務系統，而Adafruit推出的Fona板能幫你把專題連接到你喜歡的GSM網路。

蘇菲・王
Sophy Wong
是設計師，也是一名 Maker 。她的專題範圍，遍及古裝及 Arduino 開發的穿戴式科技。她在自己的網站 sophywong.com 及 YouTube 頻道上，記錄著她的各種動手做歷程。

文、攝影：蘇菲・王　譯：蔡牧言

Photo Op **SelfieBot**

自拍小特務 SelfieBot 拍立得相機哪有這麼可愛！

比起設置一臺大頭貼機，不如帶著SelfieBot去參加下一場派對吧！這個以Raspberry Pi設計的專題，就像是有自己的想法一樣，它會笑、會打瞌睡，而且只要按下按鈕，就會用體內的熱感式印表機把自拍照印出來。這都拜裡面安裝的一個小加速規模組所賜，透過你和它之間的動作互動，便能讓它露出動畫表情並發出聲音。

之前在參加2017年西雅圖Mini Maker Faire時，我和我先生為了我們的攤子設計了原版的SelfieBot。這個由電池供電的版本是簡化過的，裝在雷射切割的壓克力機殼中，而且機殼是可以改造的。我們用3D列印製作機殼架子，不過你也可以用雷射切割、或其他方式製作。你可以利用我們提供的動畫及音效，也可以自己設計！

這個專題很龐大，一定會花上好幾天的時間，準備一堆零件的同時還得運用不少製造技術。這是結合了電子與製造而成的專題，非常有趣，而且過程中有很多機會能讓你依照自己的想法改造它。

整套電子迴路的心臟是一片Pi Cobbler擴充電路板，將Raspberry Pi的腳位與PermaProto萬孔板整齊地連結起來，再藉此接上加速規、印表機、喇叭、擴大機、及其他元件。（圖A）

接下來是這個專題的概要，如果需要更詳細的解說，可以參考這個專題的網站：learn.adafruit.com/raspberry-pi-selfie-bot。

1.雷射切割

第一步是機殼。機殼由三層雷射切割的壓克力面板組成，以兩組3D列印的架子做間隔，並用螺絲及拉帽（rivet nut）固定。

從專題網站下載面板檔案，並準備厚度1/8英寸的壓克力板，用雷射切割機裁切。切割時先不要撕掉壓克力板上面的保護膜，免得產生霧面瑕疵。上層及中層面板的部分，我們也準備了刻字用的檔案供你選擇，可標明面板上的洞口，之後組裝時會比較方便。（圖B）

2.3D列印

利用我們提供的檔案，用3D列印製作前側及後側的架子（圖C），以及兩組手把。你可能需要把兩組架子都切成兩半，

時間：
幾個週末

難度：
中等

成本：
225～275美元

材料

核心零件：

- **Raspberry Pi 2 單板電腦，搭載最低16GB的microSD記憶卡**
- **Raspberry Pi 相機模組 V2**
- **5"HDMI Backpac 螢幕** Adafruit #2232，adafruit.com
- **Pi Cobbler 轉接板及電線** Adafruit #2029
- **ADXL345 加速規模組** Adafruit #1231
- **小型熱感式發票印表機** Adafruit #597
- **小型金屬喇叭，8Ω**Adafruit #1890
- **PAM8302 擴大機模組** Adafruit #2130
- **遊戲機按鈕，附帶 LED** Adafruit #3429
- **UBEC 降壓轉換器，輸出功率 5V 3A** Adafruit #1385
- **半尺寸 PermaProto 萬孔板** Adafruit #1609
- **鎳氫電池（遙控車用），1,600mAh 7.2V，及相容連結器**
- **無線滑鼠及鍵盤，**便宜的就好，USB 接收器插在 Pi 上面後就別拔掉了

連結器與其他：

- **USB 插頭** Adafruit #1389
- **右彎型 HDMI 轉接頭**
- **12" 薄型接頭 HDMI 訊號線，附小接頭** Adafruit #2420
- **Micro-USB 連接線（2），**至少一條有左彎型 Micro-USB 連結器
- **4 針腳 JST 電纜連接器組** Adafruit #578
- **電源開關，2A，**如 AllElectronics #RS-223（allelectronics.com）
- **多芯線，22 或 24 AWG，**多種顏色
- **矽膠多芯線，16 AWG，**黑、紅雙色
- **熱縮套管，**多種尺寸及顏色

機殼及組裝部分：

- **壓克力板，厚度 3mm（1/8"），最小尺寸 9½"×12½"（3）**
- **3D 列印線材**
- **尼龍墊圈，½"（4）及 ¾"（4）**
- **拉帽，#6-32（6），鑽孔尺寸 12** McMaster #93482A605（mcmaster.com）
- **機械螺絲，#6-32，長度 2½"（6），加上對應墊圈，**用於機殼
- **機械螺絲，#4-40，長度 ¾"（6），加上對應螺帽，**用於手把
- **填料及噴漆（可選用）**
- **Model Magic 黏土或泥膠（可選用），**用來修整洞口
- **工藝泡棉，厚度 3mm**
- **絕緣膠帶**
- **魔鬼氈，自黏式，寬度 1"，**工業級強度
- **泡棉雙面膠**

工具

- **雷射切割機及 3D 列印機（可選用），**可向附近的 Makerspace 借，或將檔案委託別人處理
- **剪線鉗及剝線鉗**
- **烙鐵及焊料**
- **螺絲起子**
- **手鋸**
- **電鑽**
- **銼刀**
- **熱熔膠槍**
- **環氧樹脂**
- **砂紙**

A

B

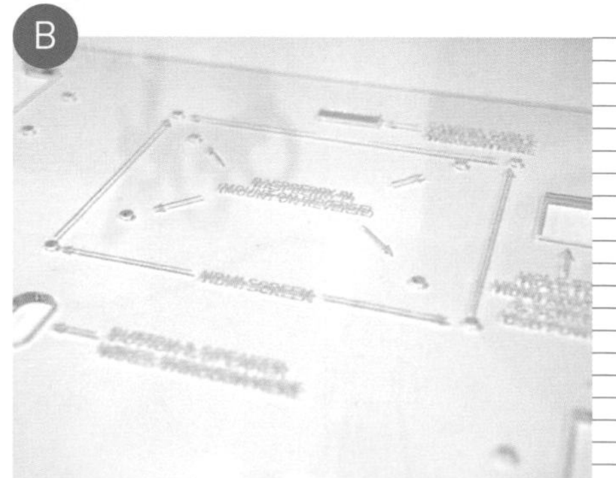

C

注意：依據 3D 列印線材的不同，印製品冷卻後可能會縮小，所以在列印之前得先將尺寸設定放大一點。若選用 ABS 塑料，大約 1.5% 至 2.5% 的收縮率就可以了。但我強烈建議你先進行測試，並測量出實際的收縮率後，再開始列印零件。

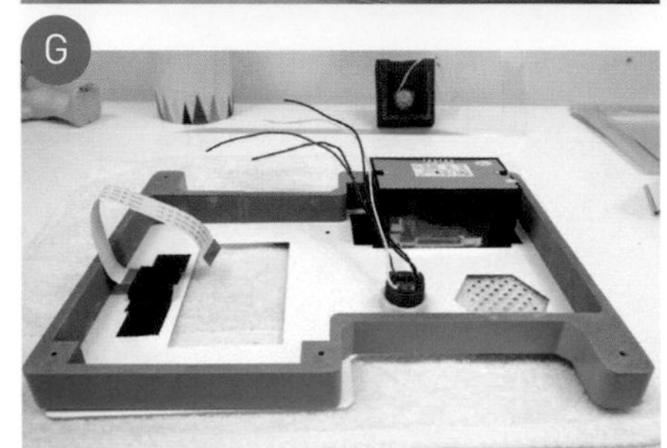

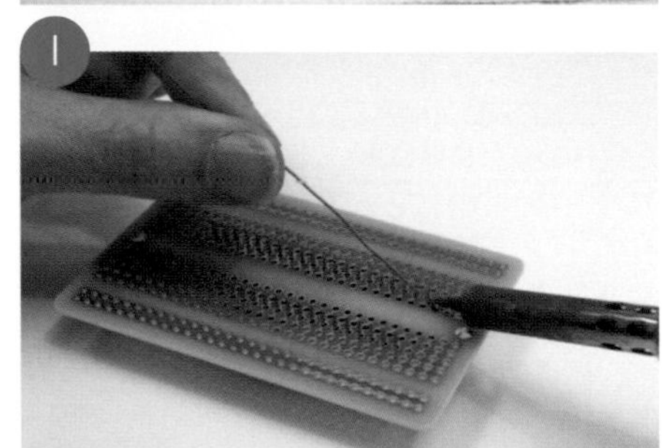

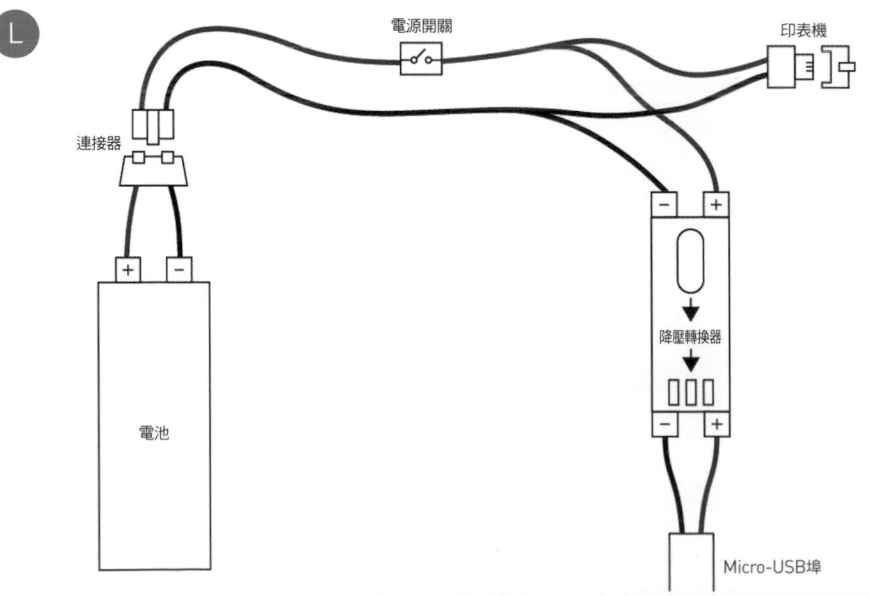

免得大小超出3D印表機的列印臺範圍。（你也可以拿壓克力甚或紙板當作材料，用雷射切割製作架子；我們也有提供切割用的檔案。）

手把的部分用螺絲及螺帽組合。用烙鐵加熱螺帽，然後輕輕地把它們壓進手把上的六角洞口裡面（圖D）。

3.著色

我決定讓下層及中層壓克力板保持透明，然後在上層面板的內側著色，以求乾淨俐落。保留面板外側的保護膜，接著替內側著色（圖E）。如果想用噴漆在壓克力上面著色，你得依序噴上很多層薄薄的漆，所以慢慢來。我搭配遮蓋，用三種不同的顏色替內側著色。你可以發揮創意，選擇自己最喜歡的顏色。

用黏著劑將切成兩半的機殼黏回去（環氧樹脂在ABS塑料上很管用），然後依自己喜歡的方式加工。我先用砂紙及銼刀打磨架子，填平表面並塗了底漆之後，才開始用噴漆著色。手把則保持原樣。

4.編寫Raspberry Pi的程式

從專題網站下載光碟映像檔，並解壓縮。燒錄至microSD記憶卡（Adafruit有提供實用的教學），接著將記憶卡插入Raspberry Pi，如此便大致完成了。

感謝金·潘摩爾（Kim Pimmel）協助編寫程式碼。這組程式碼主要使用PyGame程式庫，藉此控制SelfieBot的表情動畫及照相功能。熱感式印表機使用CUPS程式庫，而加速規則使用喬納森·威廉森（Jonathan Williamson）編寫的adxl345.py程式庫。

這個專題的特別之處，在於動畫表情（圖F）及音效。如果你想自己決定SelfieBot的個性，以下是它們的製作方法：

表情——藉由一連串循環播放的圖片組成。如果原始表情設計得簡單一點，只要稍加改變嘴巴形狀或眼球角度，就能輕易地製造表情效果。每張圖片都是用Adobe Illustrator畫的，並儲存為PNG格式的圖檔。

音效——利用我自己的聲音。分別錄製幾個WAV音檔後，透過音樂製作軟體Reason進行後製，製造出機械、生化人一般的效果。

5.開始組裝

將熱感式印表機、遊戲機按鈕及Pi相機，分別裝在上層壓克力板中對應的位置（圖G）。接著將前側架子疊上去。

中層壓克力板的部分，把Raspberry Pi裝在向後的那一側，HDMI Backpack螢幕及喇叭則裝在前側（我用工藝泡棉做了一個喇叭架）。將中層壓克力板連同裝在上面的組件，一起疊在前側架子上，然後把相機排線穿過對應的洞口、連結至Pi主機板（圖H）。

6.Cobbler電路配置

將Cobbler轉接板插入PermaProto萬孔板的中央，然後把所有腳位都焊接好（圖I）。把電壓5V所要使用的電線，接於電路板的其中一個電壓通道上，3V的電線則接於另一個通道上（圖J）。（為了避免自己搞混，我在3V的電線上面套了一個白色熱縮套管）將地線連接至兩邊的地線通道上。

接著依照以下配置連結主要組件：

熱感式印表機	RX至GPIO 14、相關地線至GND通道
遊戲機按鈕	Data至GPIO 17、Power至5V電壓通道、地線至GND通道
加速規	SCL至GPIO 3、SDA至GPIO 2、VIN至3V電壓通道
音響擴大機	A-及A+至Pi主機板的audio out、Power至5V電壓通道、GND至地線通道（圖K）

7.組裝電源電路

電源線及地線從電池端分為兩組：一組直接連結熱感式印表機，另一組連結UBEC降壓轉換器的輸入端。UBEC輸出端的電源線及地線，則透過micro-USB埠供電予Raspberry Pi（圖L）。另外，你也需要從Raspberry Pi的GPIO腳位，將電源線及地線連結至PermaProto萬孔板。

將電源開關裝在後側架子上。你可以用鑽頭及銼刀，依照開關的形狀在架子上打洞。

8.全部組裝

用泡棉雙面膠，把PermaProto萬孔板、音響擴大機及加速規安裝在中層壓克力板上。接著把所有插頭都接上（圖M）。螢幕與Raspberry Pi的HDMI埠連結，並經由USB通電。將喇叭的線路連結至擴大機的螺紋端子。如果需要更詳盡的解說，你可以參考專題網站。

利用工業級強度魔鬼氈，將電池貼在壓克力板底部。如此不只能固定電池，又能隨時拆卸。

9.畫龍點睛

打開SelfieBot的電源並進行測試。確定一切運作順暢後，獎勵自己一下，把螢幕上的塑膠保護膜撕掉（超療癒的！），然後用長度$2^1/_2$英寸的螺絲及拉帽，將機殼整個鎖起來。

最後要將手把安裝到機體上。從後側手把插入長度$^3/_4$英寸的螺絲，然後鎖進前側手把的螺帽中（圖N）。

恭喜，你的SelfieBot完成了！

玩玩你的 SelfieBot

趕緊把印表機的紙張填好、打開電源，然後認識認識你的新朋友吧！

開機：

打開電源開關，Raspberry Pi就會開機（圖O）。接著你會看到Raspberry Pi的開機畫面、遊戲機按鈕會亮起，而印表機的綠燈會間歇閃爍。從桌面打開SelfieBot的程式，並於IDLE開發環境下運行。

SelfieBot會依據動作產生反應。當你輕輕地搖晃或將它傾斜，SelfieBot就會咯咯地笑，像是被搔癢一樣（圖P）。如果讓它躺下，SelfieBot會閉上眼、打呼，開始「睡覺」（圖Q）。再把它拿起來的話，SelfieBot就會醒來、做出微笑，然後發出可愛的嗶聲。

自拍：

按下遊戲機按鈕，進入自拍模式。對準鏡頭微笑，然後再按一次按鈕，就能拍照並將照片印出來。

關機：

點擊鍵盤上的Esc按鈕，以退出SelfieBot程式。將Raspberry Pi關機後，再關上電源開關。

歡迎到專題網站：learn.adafruit.com/raspberry-pi-selfie-bot。網站裡有完整的安裝說明、替代的製作方法及程式碼，還有切割與列印需要的檔案。

M

N

O

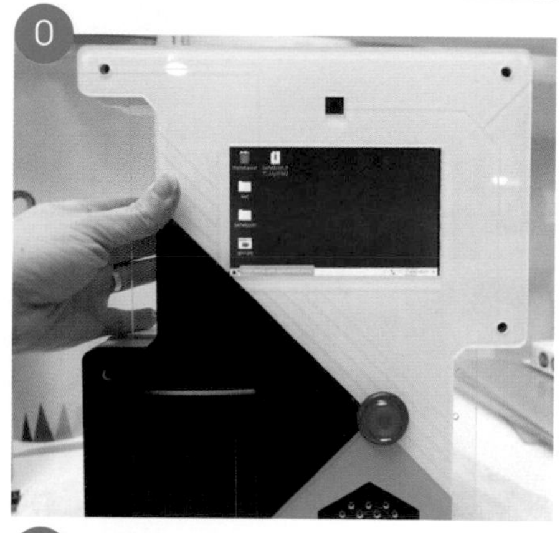

P

Q

時間：
3～4小時

難度：
簡單

成本：
30～50美元

材料

- Raspberry Pi Zero W 單板電腦
- Monochrome OLED 螢幕顯示器，128×64 Adafruit #326，adafruit.com
- 電子線，28ga 或更細的電線
- 內六角螺絲，M2.5×10mm（4）
- MicroSD 記憶卡，8GB
- USB 電源供應器，1A，車用
- 裝置外殼，自行製作或使用我的列印檔

工具

- 電腦
- 烙鐵
- 剪線鉗／剝線鉗
- 內六角板手
- 3D 印表機（可選用）前往 makezine.com/go/digifab-access 尋找機器或代工服務。

Hep Svadja, Tyler Winegarner

加油站防盜刷掃描器

文：泰勒·溫嘉納 譯：曾筱涵

Skim Scam Scanner

為儀表板新添小裝置，偵測隱藏的自助加油機信用卡盜刷器

還有什麼比信用卡明細表上出現自己沒授權的支出款項更糟？你一定會慌張地用紅筆在上頭標記，然後打電話給銀行，希望他們把卡凍結後還能退還這筆錢！

這種漏洞的根源是因為信用卡本身極度欠缺安全性。卡片上的傳統磁條內含交易所需的所有數據，且因為這些資料未經加密，因此只要用簡單的電子設備就能輕鬆竊取。由不肖人士設置所謂的「盜刷讀卡機」（card skimmer）即扮演「中間人」的角色，在資料傳送至POS系統（Point of sale，銷售點管理系統）前，如加油站自助加油機等，從中攔截並記錄你的信用卡資料。

去年，SparkFun Electronics的內森·賽德（Nathan Seidle）針對當地警方從加油站取出的盜刷讀卡機進行深入的技術研究。最後發明了一款Android和iPhone通用的應用程式，它能掃描與盜刷讀卡機磁紋符合的藍牙裝置。

感覺是不錯，但我生性懶惰，很難在短時間內養成良好習慣。所以我想要有個專門偵測周遭環境的裝置，能隨時留意加油站內可疑的藍牙裝置，並在我做出有損未來財路的蠢事前大聲阻止我。不過這一切要歸功於賽德，沒有他的努力，這個專題就不會誕生了。

1.硬體

這個裝置只需要兩個零件，Raspberry Pi Zero W和Adafruit SSD1306 OLED螢幕顯示器。首先，焊接OLED各個連接點。我們之後會把零件裝進機殼內，所以不要留下多餘鬆散的電線，盡可能地縮短用線，並使用耐撓曲的電線：28ga實心線，讓安裝配置更方便，如果扭成多芯線更方便。SSD1306支援兩種不同的通訊協定：I2C和SPI。我們使用後者，雖然會用到更多電線，但速度較快。請根據圖表完成所有接線（圖A）。

2.設定 RASPBIAN

將顯示器和鍵盤連接至Pi Zero需要很多額外的硬體，所以我總是喜歡在一開始採用無頭式（headless）設定。而最簡單的方法，就是使用親民的積木式Raspberry Pi安裝工具Pi Bakery。這個工具可以建立用來將板子開機的Raspbian映像檔，其中Pi與家用網路連線與SSH連接方法都已設定完成。我的基本設定如圖所示（圖B）。

3.PYTHON與函式庫

下載Raspbian後，啟動系統並用SSH

連接。進入raspi-config（組態），更改預設密碼等設定，並在Interfacing Options（介面選項）下啟用SPI。接著使用以下命令安裝Python：

```
sudo apt-get install python python-pip
```

使用以下命令安裝必要的藍牙工具：

```
sudo apt-get install bluetooth libbluetooth-dev
```

我們使用的是Python程式語言，因此需要取得適用Python的藍牙工具集：

```
sudo pip install pybluez
```

接下來你需要取得驅動Adafruit OLED面板的軟體：

```
sudo pip install RPi.GPIO
sudo pip install Adafruit_BBIO
sudo apt-get install python-imaging python-smbus
```

以及供OLED顯示模組使用的Adafruit特定函式庫：

```
sudo apt-get install git
git clone https://github.com/adafruit/Adafruit_Python_SSD1306.git
cd Adafruit_Python_SSD1306
sudo python setup.py install
```

4.讀卡機掃描裝置程式碼

最後，請下載掃描軟體：

```
cd ~
git clone https://github.com/photoresistor/raspi_skimscan
```

依照以下程式碼進行測試：

```
cd raspi_skimscan
python raspi_skimscan.py
```

你應該會看到裝置顯示「掃描中……」及持續滾動的刪節號，表示裝置每10秒就會重新掃描一次。如果你有辦法更改行動裝置的藍牙名稱，可以將手機名稱改為「HC-05」來測試掃描裝置，驗證是否出現警告訊息。完成後，按Ctrl-C退出（圖C）。

最後要做的是設定Pi，以便板子啟動時能執行我們的指令碼。使用以下命令執行Python指令碼：

```
sudo chmod +x raspi_skimscan.py
```

然後，設定**rc.local**以便啟動時執行指令碼：

```
sudo nano /etc/rc.local
```

接著，將以下內容加入檔案，直接加在**exit 0**那行上方：

```
sudo python /home/pi/raspi_skimscan/raspi_skimscan.py &
```

就是這樣！完成了，重新啟動你的Pi，確認一切都運作正常。

5.組裝

如果你自己沒有準備，請3D列印這兩個製作外殼的檔案。你可以前往我的GitHub資源庫下載檔案：github.com/photoresistor/raspi_skimscan。

將OLED螢幕顯示器安裝於上殼的支柱。如果心有餘力，你也可以用少許熱熔膠固定。接著將Pi板子放置於下殼並對齊四周孔洞（圖），將外殼闔上。用M2.5×10mm內六角螺絲將上下殼固定。

把掃描裝置附掛在汽車儀表板或中控臺，只要是任何視線可及又不致分心的位置皆可。用車內USB孔為裝置供電，只要有1安培以上的電流即可。

偵測讀卡機

請等等！若你把我的程式碼和內森·賽德為手機應用程式撰寫的進行比較，你會發現我的程式碼沒那麼嚴謹。只要任何藍牙裝置的名稱與加油站讀卡機常用的名稱相同—也就是HC-03、HC-05或HC-06—我的裝置就會回報，但不會對這些裝置執行ping命令以取得回應（我沒有像賽德一樣進行二次驗證，因為我無法取得真正的盜刷讀卡機進行測試）。由於這些便宜的藍牙開發板也會用於合法產品及DIY專題，所以這個裝置難免會有誤報情形。

如果你的掃描裝置發出警告，請環顧四周。很可能已有不肖人士在加油機安裝盜刷讀卡機。或者，其實只是一位像你一樣的Maker在街上閒晃。駭客類型通常很容易察覺，只要在加油前確認他們的帽子顏色就知道了。

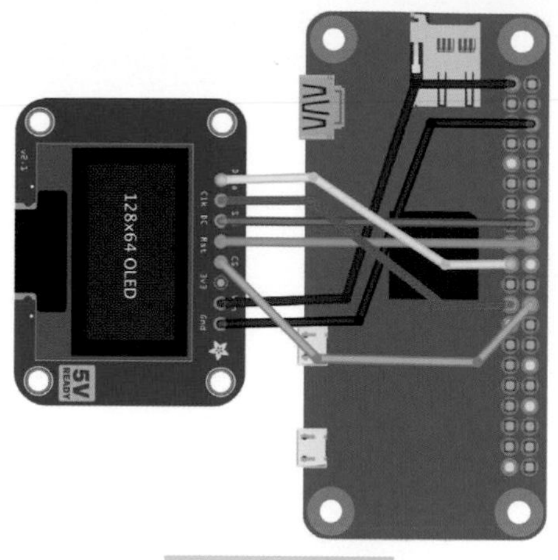

OLED	RaspPi
Data	MOSI
Clk	SCLK
DC	GPIO 23
Rst	GPIO 24
CS	CE0
Vin	3.3V
Gnd	Ground

A

PiBakery
Startup
Programs
Network
Settings
Pi Zero OTG
Other
On First Boot
Setup WiFi
Network: WIFI NAME
Pass: WIFI PASSWORD
Type: WPA/WPA2
Add public SSH key for authentication
Key: ssh-rsa public key
For user: pi

B

C

D

泰勒·溫嘉納
Tyler Winegarner
《MAKE》雜誌影片製作人。同時是位動手做玩家、工具達人、說書人及技能囤積者。容易受一些古怪及美好事物驅使。

跑趴時尚：夜光LED高跟鞋

Hue've Got the Look

輕鬆使用Adafruit應用程式，遙控LED高跟鞋與手環顏色同步

文：安吉拉・席恩 譯：蔡牧言

安吉拉在長曝相片中展示鞋子和手環生動的顏色變化。

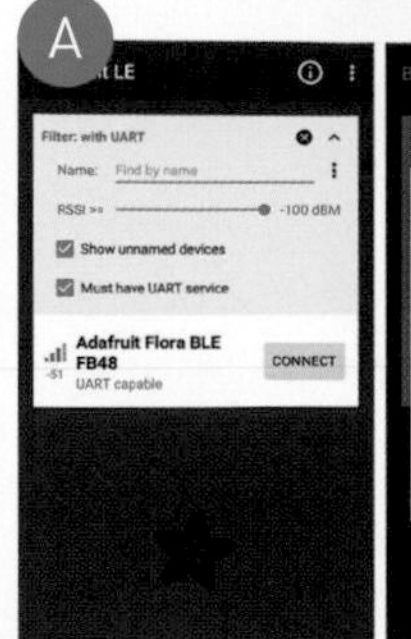

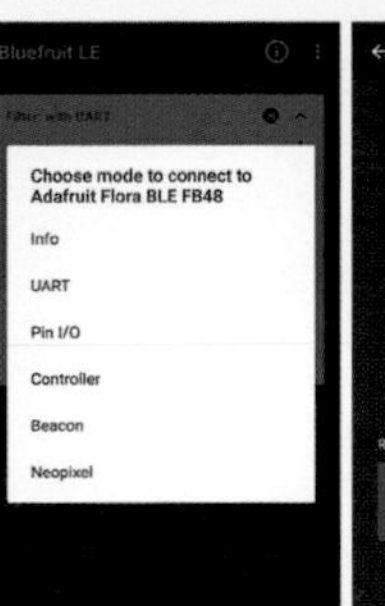

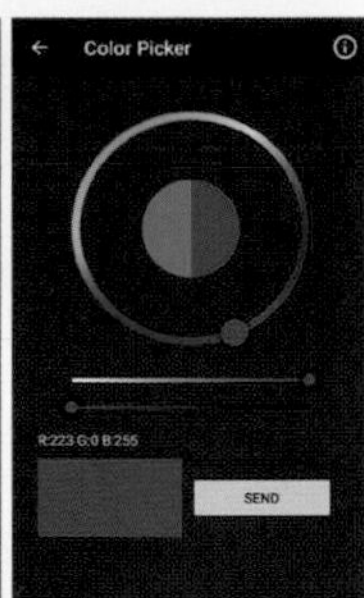

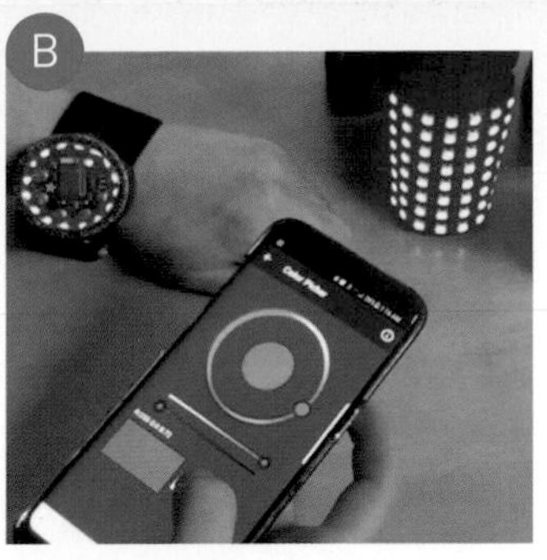

安吉拉・席恩
Angela Sheehan
身兼 Maker 和教育者，熱衷於電子零件 DIY、服裝設計和手作玩意。自 2005 年開始了她的穿戴式裝置之路。你可以到 GellaCraft.com、Twitter 帳號 @the_gella 和 Instagram 帳號 @gellacraft 欣賞她的專題。

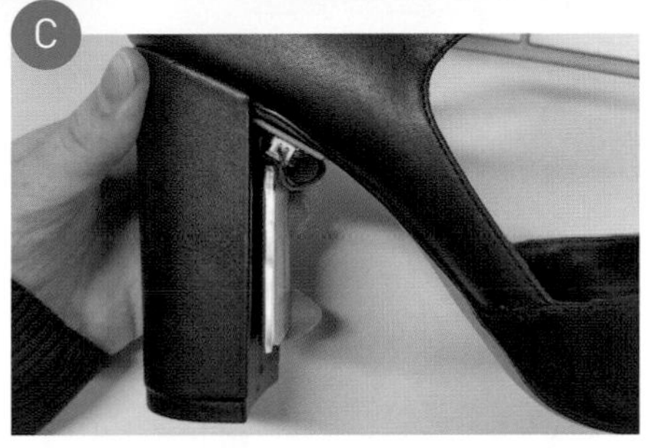

我是那種會為了決定穿什麼去派對而遲到的人，同時還是個會臨時抱佛腳做出精緻作品的人。我稱這個專題為Insta-Hue高跟鞋，這是為了參加SparkFun Electronics舉辦的假日派對所製作的，從設計到完工僅花不到一個禮拜。

高跟鞋上的LED可透過配對好的手環無線操控，而手環與Adafruit的免費應用程式Bluefruit LE Connect連接，不論在任何場合都能迅速切換燈光顏色。這種用智慧型手機就能控制顏色的神奇效果，很適合在派對上與其他人互動，並讓他們改變你的裝置顏色！

這個專題很簡單，你只需要一些時間、耐心，還有一雙完美的高跟鞋。

1.程式及函式

參考Adafruit提供的教學來操作藍牙連線其實很簡單。首先我從Bluefruit LE模組的Controller範本架構著手。手環則利用內建於Adafruit的Bluefruit LE應用程式內的色彩選擇器（Color Picker）控制LED。因為應用程式（Android或iOS版本）一次只能配對一個藍牙裝置，所以我選擇便宜、短距離使用的RFM69藍牙無線收發器，將顏色資料由手環發送至高跟鞋。這種方法能一次操控多個服裝配件，也不需要寫一大堆程式。我參考SparkFun詳細的RFM69連接教學的編程範本，將無線電廣播功能整合至我的專題。

手環開機後，裡面的Flora Bluefruit模組會等候Bluefruit LE應用程式連接。配對完成後，打開應用程式的控制選單（Controller）中的色彩選擇器（Color Picker），手機螢幕就會出現一個色盤提供顏色選擇。點「Send」（傳送）按鈕，將色值（RGB）透過藍牙傳送至手環（圖Ⓐ）。

手環會將收到的數值儲存為變數，接著透過RFM69收發器將色值轉送至高跟鞋。手環上的NeoPixel燈環也因使用Adafuirt的NeoPixel函式庫，而發出同種顏色的光。

高跟鞋會收到數值，並利用NeoPexel函式庫裡面的`ColorWipe()`函式，來更新可撓式LED面板所顯示的顏色。依面板製造商的不同，你可能需要調整程式碼來設定矩陣的原始像素（圖Ⓑ）。

更多程式碼和我的最新作品詳細內容，可以至github.com/GellaCraft/InstaHueHeels下載。

筆記：這些 LED 面板會消耗許多電流。本專題利用 NeoPixel 函式庫將面板的亮度調低許多，以減少電流消耗並延長電池壽命。最佳的操作 NeoPixel 矩陣範例，請參閱 Adafruit 的 NeoPixel Uberguide：learn.adafruit.com/adafruit-neopixel-uberguide。

2.選擇鞋子

審慎挑選鞋子，能讓你在合併及藏置電子零件時更方便。我發現3英寸高的粗跟鞋能完美容納LED面板。這個高度能把1200 mAh鋰聚合物電池裝在鞋跟內側的空隙，避免走路時可能對裝置造成的損害（圖Ⓒ）。

時間：
一個週末

難度：
中等

成本：
200～300美元

材料

手環：
- **» Pro Micro Arduino 開發板，3.3V/8MHz** SparkFun #12587，sparkfun.com
- **» RFM69HCW 無線收發器模組，915MHz** SparkFun #13909
- **» Flora Bluefruit LE 可攜式低功耗藍牙** Adafruit #2487，adafruit.com
- **» NeoPixel 燈環，16×5050 RGB LED** Adafruit #1463
- **» 表面黏著式導航開關** SparkFun #8184
- **» 鋰聚合物電池（LiPo），3.7V 400mAh** SparkFun #13851
- **» LilyPad Simple Power 開發板** SparkFun #11893，或其他類似且附開關的鋰聚合物電池連接器。我是用自己工作室原有較舊的型號（SparkFun #10085），不過最新版本有充電電路，還滿實用
- **» 矽膠絞線** 我使用 30AWG
- **» 實心電子線，長 3.07"** 做為無線電天線
- **» 緞帶，寬 2"**
- **» 磁鐵扣環**
- **» 裝飾用的手環** 你可以直接帶著 NeoPixel 燈環去手工藝品店的配件區挑選大小適合的手環，或者自己做一個
- **» 壓克力板，厚 1/4"**（可選用）如果想替手環上的零件製作外殼可使用

鞋子：
- **» 一雙鞋，鞋跟至少 3" 高或粗跟鞋** 你可以參考步驟 2 的方式挑選
- **» Qduino Mini Arduino 開發板（2）** SparkFun #13614
- **» RFM69HCW 無線收發器模組，915MHz（2）** SparkFun #13909
- **» 可撓式 8×8 NeoPixel RGB LED 矩陣面板（2）** Adafruit #2612 或 Amazon #B07418JSWD
- **» 鋰聚合物電池，3.7V 1200mAh（2）** Adafruit #258
- **» 矽膠多芯線**，我使用規格 30AWG 和 24AWG 的矽膠電線
- **» 帶狀排線（可選用）** 用來將 RFM69 收發器連接至和 Qduino 開發板
- **» 實心電子線，長 3.07"（2）** 做為無線電天線
- **» E6000 膠水** 或其他可附著在你挑選的鞋子上面的黏劑
- **» 電工布膠帶（gaffer's tape）** 和鞋子顏色相配即可

工具

- **» 槍型夾，約 4"（3 個或以上）**
- **» 烙鐵和焊錫**
- **» 焊接輔助夾座**
- **» 剪線鉗／剝線鉗**
- **» 熱風槍（可選用）**
- **» 雷射切割機**
- **» 熱熔膠槍**

Geoff Decker – Hidden Vision Photography, Angela Sheehan

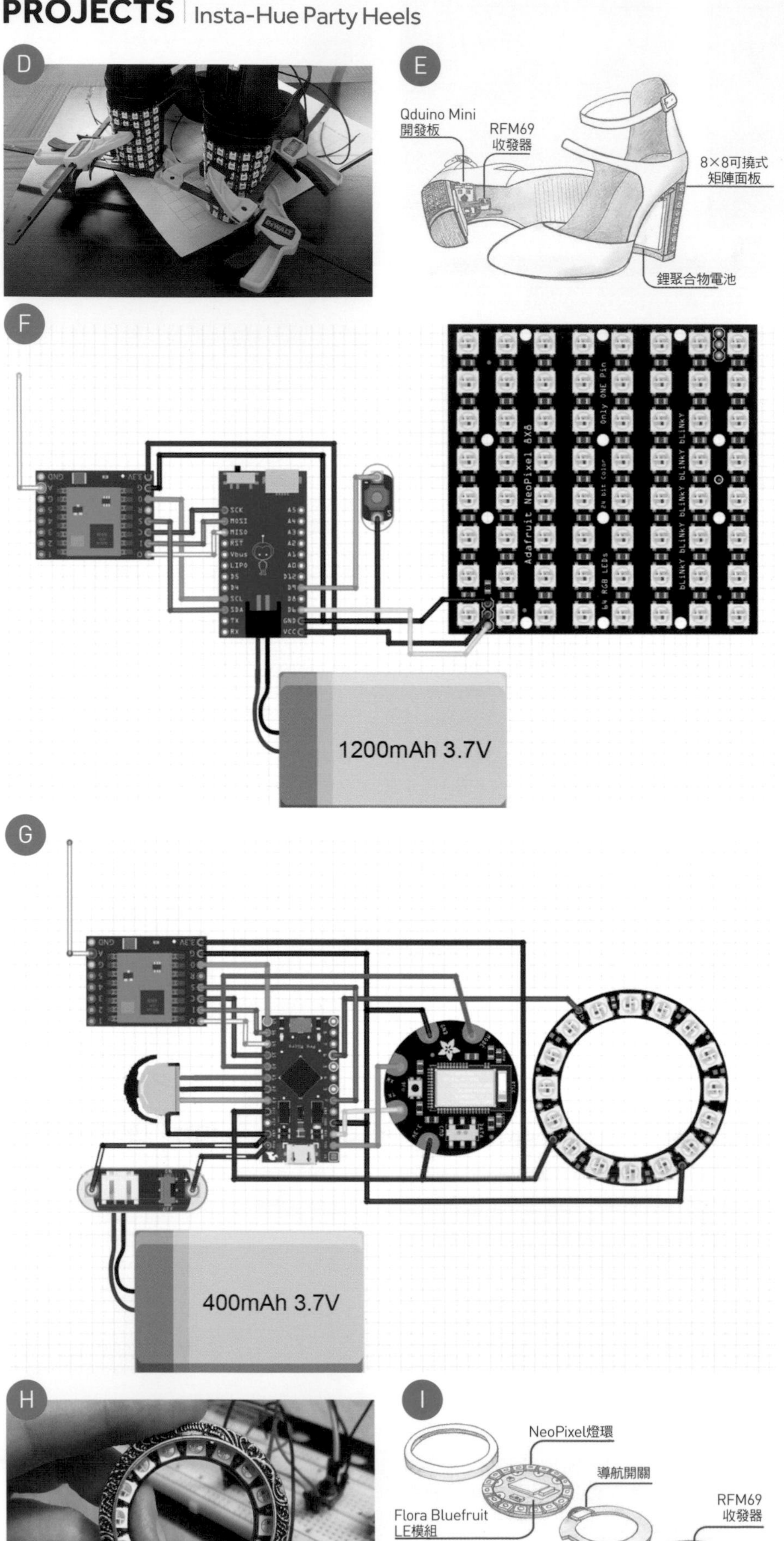

3. 安裝LED面板

首先，我小心翼翼把每片LED面板包覆鞋跟後側，以測試貼合度。為減少體積，我用矽膠電線取代預先焊好的連接器。為了掩飾鞋子上的電線，我使用黑色的線，並在末端套上不同顏色的熱縮管套做為標記。

我用E6000膠水把面板黏在鞋跟的後側，把電線繞到靠近鞋跟弧形內側的面板上方處。

為了讓面板固定在原位，我使用小夾鉗，靜置24小時風乾（圖D）。

4. 鞋子的硬體

我選擇用Qduino Mini開發板來控制LED，因為它有內建電源開關、mirco-USB連接器及鋰聚合物電池充電電路，能將所需的硬體連接和空間降到最少。Qduino開發板的大小正好能隱藏在弧形鞋跟的內側，而且開關和USB插座都朝向外側，讓你能輕鬆觸碰到開關，啟動專題（圖E）。

備註： 為節省空間，我選擇使用收發器模組而不是擴充板。另外，因為FRITZING（印刷電路板設計工具）的插圖選項裡只有擴充板，所以電路圖與實際操作會稍有差異。

為了測試RFM69收發器，我先在麵包板上製作電路。調整程式碼和確認功能後，我將所有要連接的點焊接完成，用膠水把零件黏在鞋底下的弧形處。我將RFM69的天線放置在鞋底足背處進行操作，若有需要可以彎曲天線，以免跑到鞋底腳趾頭處踩到。完整電路示意圖請見圖F。

提示： 我在電路中加裝了一個LILYPAD按鈕板，以便日後可以手動切換顏色，讓高跟鞋不需再仰賴與手環無線連接。

測試完專題後，我用布膠帶覆蓋硬體及電池稍做保護，以防灰塵和磨損。目前為止，這雙鞋歷經了數次夜晚行程後狀況仍不錯，但為了保持長期的耐用度，我會做一個外殼來保護零件，可能使用3D列印。我也在面板的邊緣貼上布膠帶，不僅能遮掉接縫，同時也能避免塵土堆積。

5. 手環設計

手環是這次創作中最有趣也最具挑戰性

Angela Sheehan, Fritzing, Geoff Decker – Hidden Vision Photography

的。用麵包板測試後，我開始製作一個小型穿戴式控制器，將其置於一個外觀就像手錶一樣的手環內，並戴在手上。

為節省空間，我沒有用Qduino，而是Pro Micro開發板，並將電池移到手環的腕帶上。至於藍牙功能，我選用Flora Bluefruit LE模組，因為它的圓形形狀正好能裝在這個16顆LED NeoPixel燈環裡。能讓手環表面看起來就像手錶一樣，同時又兼具「時尚單品」感覺。手環上的RFM69收發器會將資料傳送至高跟鞋，同時我安裝了一個三向導航開關，以便日後修改時能輕鬆切換模式。完整線路圖請見圖G。

6. 製作手環

我用雷射切割製作了一個壓克力外殼，以放置所有電子零件（除了電池）。而我在一家美術用品店找到的金色圓環，正好能做為它的保護外殼（圖H）。

手環的上層硬體有NeoPixel燈環和Flora Bluefruit模組。中間層是導航開關和一塊壓克力墊圈，其中空設計可讓底層的電線通過。底層則是RFM69疊於Pro Micro上方，其蝕刻通道可接線，並連同天線一併安置好（圖I）。我在Pro Micro上貼一片絕緣膠帶，避免和RFM69一起位移。

將所有零件焊接並安裝於手環內其實不容易，我還得盡可能仔細裁剪電線來節省手環空間，算是個有趣的挑戰。

組裝完成後，我用熱熔膠固定整組零件，以免配戴時移動（圖J）。

7. 完工

將製作完成的模組固定於附有金色磁鐵扣的黑絲絨緞帶，手環就完成了。

我在金色圓環內黏了一片透明壓克力以保護硬體，並將每個LED的白色塑膠底座塗黑，減少顏色對比。

最後，將電池連接至一片LilyPad Simple Power開發板，然後藏入腕帶底下的小口袋（K）。

製作更「亮」的高跟鞋

第一個版本的Insta-Hue高跟鞋使用了`ColorWipe()`功能，能讓LED矩陣由上至下轉變顏色。即便是這種簡單的LED動畫也很受歡迎！

J

K

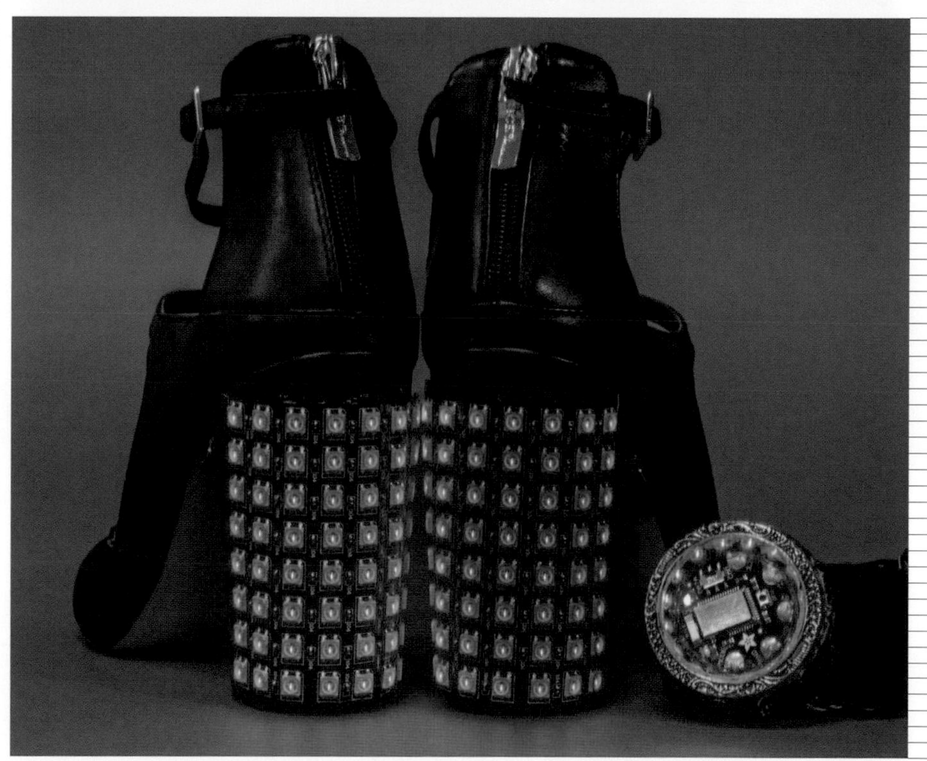

只要再多加一點程式，你就能為矩陣設定並展現更複雜的動畫，還可以透過控制手環的導航開關來切換模式。我打算增加閃爍模式，能在一雙鞋上左右鏡射的動畫，或是其他有趣的LED動畫。

可以前往我的網站取得最新的功能和程式碼，以及更多製作過程的照片和影片。

我想知道你會為這雙高跟鞋變出什麼新花樣！

[+] 程式碼和範本都在：github.com/GellaCraft/InstaHueHeels
[+] 這裡有更多幕後製作照片：gellacraft.com/instahueheels
[+] SparkFun的RFM69連接說明：learn.sparkfun.com/tutorials/rfm69hcw-hookup-guide
[+] Adafruit的Flora Bluefruit LE模組使用說明：learn.adafruit.com/adafruit-flora-bluefruit-le
[+] Adafruit的Bluefruit LE Connect操作說明：learn.adafruit.com/bluefruit-le-connect-for-ios

全像拍立得

Hella Fast Holograms

利用雷射光及特殊底片拍攝即時3D影像

文：約翰・伊歐文 譯：曾筱涵

時間：
1～2小時

難度：
中等

成本：
80～100美元

材料

- **雷射二極體，4mW–5mW**，請參考midwest-laser.com型號VM65003，建議於Midwest Laser或Litiholo購買，這些地方供應的雷射二極體經驗證可用於製作全像片。
- **即時全像感光板（底片），2"×3"**，請至litiholo.com，Litiholo #C-RT20
- **LED安全燈**
- **小塊毛毯、發泡墊或毛巾，12"×12"**
- **含鐵金屬板，12"×12"×1/8"**，假如你的桌子本身有磁性就不需要
- **顏料，純黑色**
- **輪胎內胎，直徑8"–12"**，小型輪胎
- **方形紙板，3"×2"(2)，一黑一白**
- **棒形磁鐵，3/8"×3/8"×1" (4)**
- **方形磁鐵，0.9"×0.9"×0.4"**
- **鋼板，2 1/2"×1"×1/16"**
- **安靜無光的地方**

工具

- **桌子**
- **長尾夾，中型**
- **熱熔膠槍**

約翰・伊歐文
John Iovine
是科學及電子學工匠，同時也是位作家，自己經營一間小型科學公司Images SI Inc.，他和妻子、兩個孩子、狗狗奈傑爾和貓咪喵喵一起住在紐約史坦頓島。

Hep Svadja, John Iovine, Hologram by Alex Glow

看全像影像是件相當有趣的事情，最近，這項技術有愈來愈多趣味橫生的應用，過去，以白光拍攝之反射式全像片，就是普通光源下即可觀看的那種，製作時需使用高解析度的全像底片，並靠化學物質顯影。而今非昔比，現在已有一種即時全像底片，無須經過顯影、透過化學物質或其他程序，就能製成全像片，將這種底片與便宜好用的雷射二極體相互結合應用，製作全像片就變得輕鬆無比－整個過程簡直能用隨拍即用來形容！

什麼是全像術？

全像片就是可真實呈現景深的三維立體照片，3D照片非常逼真，你可以水平或垂直調整觀看全像片的視角，就能看到被拍攝物體的不同角度，不像一般2D照片，即便改變角度，也只能看到縮放後相同的平面圖像。

全像術在底片上記錄影像的方式不同於一般攝影技術，全像術記錄的是參考光束（reference beam）和經物體反射之物射束（object beam）兩光束間的干擾圖型，必須使用單色（單頻光）同調（相位相同）的光源，而雷射光正好符合這些特性。

為什麼要用5毫瓦？

快速搜尋一下650nm「可聚焦」雷射二極體，你會發現Amazon和eBay上有許多功率較高的雷射二極體，從20mW到200mW都有。這些也可以用，但我建議使用4mW-5mW的二極體較為安全，至少眼睛被雷射光照到時傷害較小。

改造雷射二極體

買可聚焦的雷射二極體（圖A）是因為「可聚焦」透鏡通常可拆卸，雷射光經透鏡聚焦成束，形成一個光點（圖B），但我們要的是二極體雷射光均勻發散，照在整個全像感光板及板子後方欲拍攝的物體上（圖C），為達此效果，請從雷射二極體上拆下透鏡（圖D）。

製作隔震桌面

拍攝全像片時要盡可能將震動降到最低，那些微小到我們感覺不出的震動，像是音樂或吊扇造成的震動，都會阻礙全像片成影。全像攝影師在隔震桌面上進行全像片拍攝，正如其名，隔震桌面能將全像攝影所需設施與震動「隔離」。

我用的簡易隔震桌面製作說明詳如圖E，由三個組件構成：一塊地毯（或發泡軟墊、像毛巾一樣的厚布也可以）、一個直徑12"的小型內胎和一個12"×12"×1/8"厚的含鐵金屬板。

內胎請充入適量的氣，讓輪胎呈現空氣充足但有點軟、仍可擠壓的狀態，而12×12英寸金屬板要厚到可撐起本身重量，放上幾個重量輕的零件也不會彈震或彎曲，此外，金屬板必須含鐵，磁鐵底座才能吸住。

將鋼質桌面塗黑，如此有助於減少不必要的雷射光反射，進而提升全像片的品質。

另外，還須找個安靜無光的地方架設所有器材。

架設雷射光

拍攝基本的單光束全像片只需準備幾個底座和零件。

底座可用小型永久磁鐵搭配金屬隔震桌面，再加上小片鋼板或長尾夾來製作，選用陶瓷磁鐵或高強度釹磁鐵都可行。

通常我會用熱熔膠把要拍攝全像片的物體固定在1×2 1/2×1/16英寸的小鋼板上，架設板子或者要把長尾夾固定

A

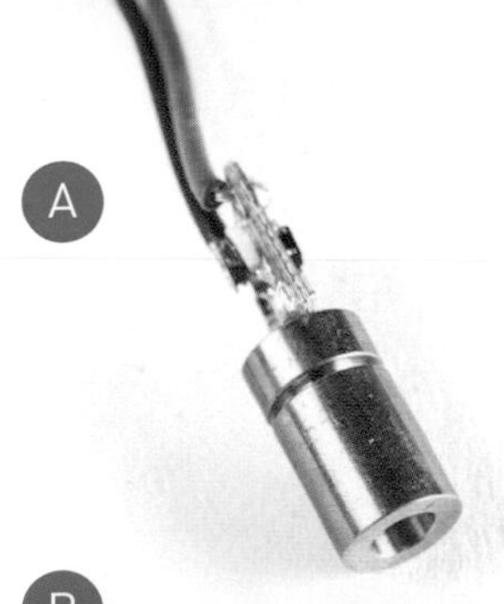

B

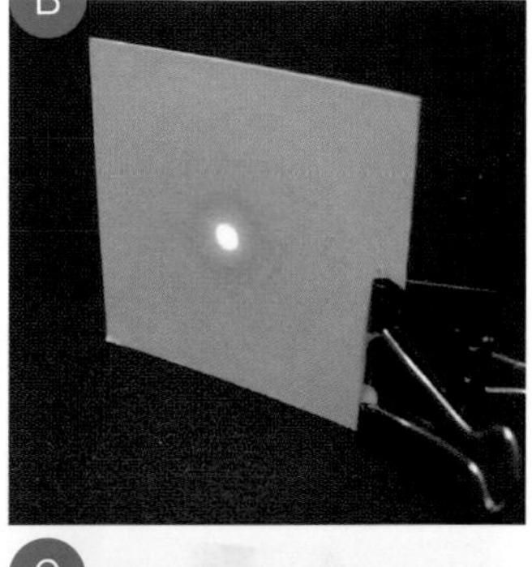

C

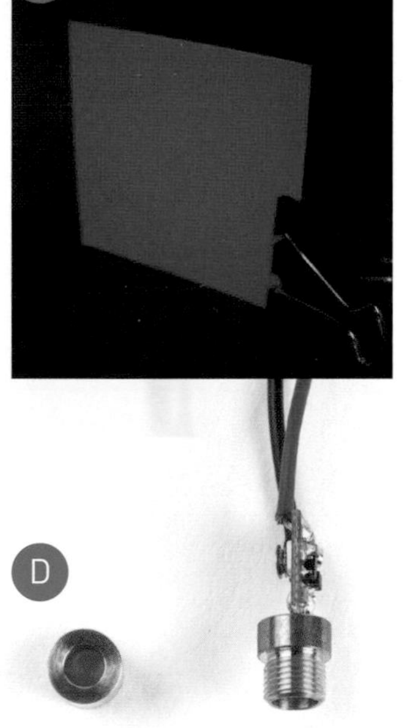

D

隔震桌面圖

E

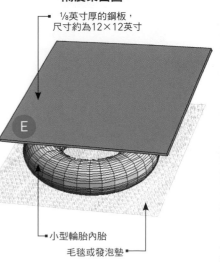

1/8英寸厚的鋼板，尺寸約為12×12英寸

小型輪胎內胎

毛毯或發泡墊

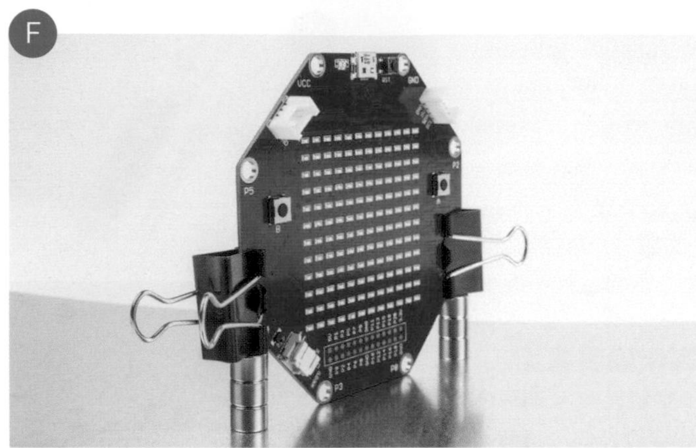
F

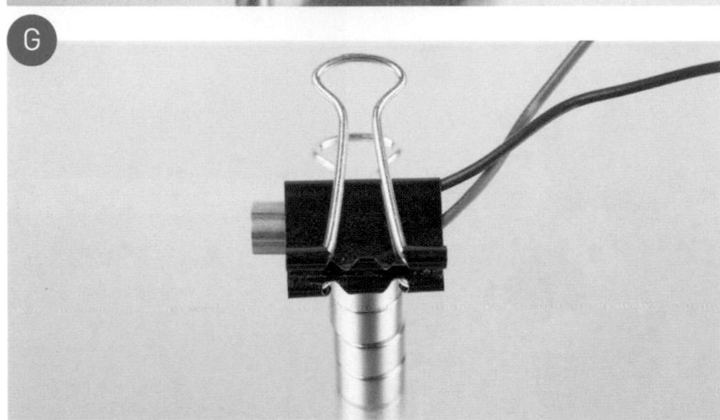
G

H

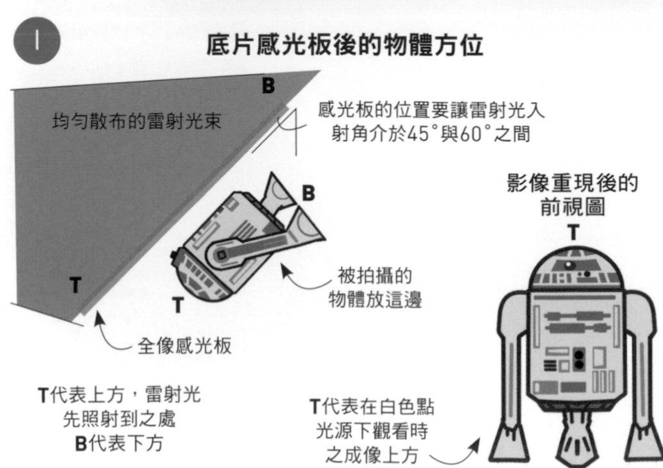

I

在隔震鋼桌面上時，可使用磁鐵（圖F），這樣要移動時就很方便。

長尾夾搭配磁鐵也可用於架設全像底片、白色紙板、黑色遮光紙板和雷射二極體，二極體可完全放進中型長尾夾內，且夾子還有散熱功能（圖G）。

架設底片

為了將全像玻璃感光底片穩穩固定於桌面（圖H），你必須將底片置於中型長尾夾上，再用磁鐵把它固定在桌面，以防止底片震動。

安全燈

處理全像底片時，請將室內光線調暗，使用安全燈來進行手邊的動作，底片對紅色、綠色及藍色燈光非常敏感，Liti全像攝影建議使用藍色LED安全燈，只要有一個電池、串聯電阻器及暗房LED安全燈就能製作（我用的是綠色燈，那是我之前做全像攝影時用的），也請儘量少用安全燈，如此可避免底片霧化造成影像模糊。

放置物體

第一次拍攝請選擇結構較堅固，曝光過程中不會彎曲、凹垂或移動的物體，假如該物體是暗色的，請將它塗成白色，理想情況為整個物體可剛好放在2×3英寸的底片感光板後，我建議新手可從拍攝淺色小貝殼開始。

若想拍出最清楚可看的全像片，物體請靠近底片感光板放置，但不要碰到板子（圖H）。

架設全像攝影桌

我的架設方式適用於側邊打光之單光束全像攝影，請跟著雷射二極體散發出的光束一路觀察到全像感光板（圖I），就能了解其中意思。

在側面打光的情況下，光束最先觸及底片的點被標記為T，在白光下觀看時，這個點所在之處就是全像片影像的上方，因此，把物體放置感光板後時，物體上方要朝向標記T的那一邊，圖J說明了桌面上的器材配置，圖K則是從不同角度觀看，可看到有物體、感光底片板和雷射二極體。

為了確認雷射光的照射方向，請先在要放置底片的地方放一張2×3英寸的白色紙板，用長尾夾搭配磁鐵將其固定在位，將雷射光直接打在白色紙板上，確保光線以45°至60°角照射在紙板上，接著固定二極體的位置，讓光源盡可能地均勻照在白色紙板上。

接下來，把物體放在白色紙板後方，拿掉白色紙板，留下長尾夾和磁鐵，沒有白色紙板雷射光就會照在物體上，請從雷射光這一側觀看物體，此時映入眼簾的就是拍攝完成後的全像片成影。

遮光、曝光、獲得全像片！

用大小2 1/2×2 1/2英寸的消光黑紙板當作遮光板，以長尾夾撐起，此處長尾夾別搭配磁鐵使用，因為你需要的是能輕鬆拿起遮光板。

用遮光紙板阻絕雷射光，關掉所有燈光，從不透光的盒子裡拿出一片底片感光板，請從底片邊緣拿取，開啟安全燈，把底片置入剛才放白色紙板的長尾夾，為確保能達到最高穩定性，感光板和長尾夾底部邊緣要切齊，並與桌面貼合。

接下來進行全像底片曝光，請把紙板從桌上拿起，讓雷射光暢行無阻，曝光過程需10分鐘，接著就可以將遮光片放回雷射光前。

曝光的確切時間會因二極體的輸出功率大小以及雷射光

J 全像攝影桌架設置圖

俯視圖

雷射二極體

黑色遮光紙板

T

物體

B

全像感光板

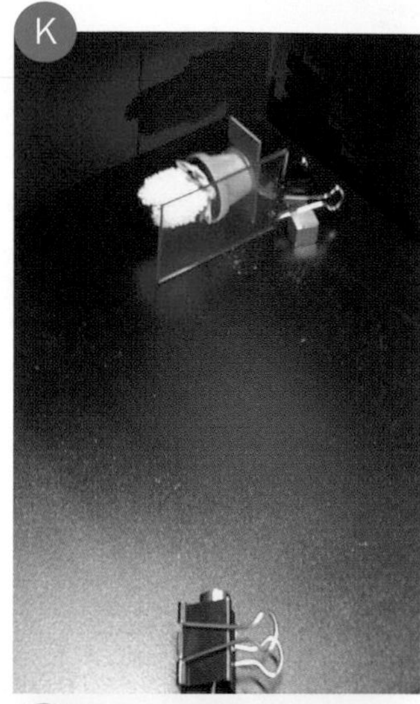

的照射範圍而異，Litiholo建議曝光5到10分鐘，並使用5mW的雷射二極體，此外，過度曝光會比曝光不足來的好。

接下來，只要開啟房間燈光，底片就能顯影。

作品欣賞

現在可以觀賞一下你的全像片了，你拍攝的是白光反射式全像片（可於一般白色光源下觀看），以點光源從上往下照射，並將全像片置於黑色背景中，可獲得最清晰的影像，使用陽光、鎢絲鹵素燈泡和亮白LED燈的效果都不錯，白熾燈也可以用，但成像品質會變差。

觀看全像片時，點光源照射全像片的角度要與曝光時雷射光照射角度一樣（圖L），所以你可能要轉動幾次全像片，改變角度，直到光線以正確的角度照射在感光板上，如果你將全像感光板倒過來拿（以製作全像片時雷射光照射的角度為基準）或斜著拿，可能什麼影像都看不到。

若想看得更清楚，可在全像片後方放置黑色的東西。

全像拍攝之疑難雜症

拍攝全像片很容易，但拍出優質的全像片則需要練習，我已經有20年的拍攝經驗，針對這個主題也寫過無數文章和兩本書，以下是一些拍攝全像片時常見的問題：

無法成影——請確保曝光時桌面不會有任何震動，像是:音樂、開啟的風扇、草稿紙之類的都會造成震動，震動是全像片無法成影的主要原因，你也可以嘗試增加曝光時間，再說一次，過曝總比曝光不足來的好。

雷射二極體——你買的二極體也許不能用於製作全像片，以下兩家製造商賣的雷射二極體已經測試，確定可製作全像片，分別為：Midwest Laser和Litiholo。

成像不清晰——雜散光會造成底片霧化，成像模糊，拍攝時要確保除了雷射光沒有其他光源，儘量少用安全燈，也不要把燈靠近全像底片。

觀看全像片時，請確保全像底片相對於點光源的位置其角度是否適當。

進階拍攝

練習過以單一雷射光源進行全像攝影技巧後，也許你會對全彩全像片有興趣，Litiholo推出了全彩全像片套件組，同樣使用即時底片，但需使用三個雷射光源（紅色、藍色和綠色）來拍攝全像片（圖M），拍攝過程會稍微複雜些，但影像會更加生動逼真。

訣竅：曝光時，你的雷射二極體可能會有模態跳躍（mode hop）的情形，這種情況下，拍攝過程中會產生有趣的回波效應，就像一個影像被拍了好多次，這有點難解釋，不過，假如你親眼看到了，就會說：「沒錯！就是這樣。」
模態跳躍的成因為晶體內部發熱及電流波動，使得雷射二極體輸出光源頻率發生微小改變，減少模態跳躍的簡單方法為降低雷射二極體功率，所以若二極體電壓標示為5V，請以4.5V供電即可，不過，這雖然有所幫助，卻無法解決問題。

Hep Svadja, John Iovine, Hologram by Alex Glow

讓馬達動起來 Get Your Motor Runnin'

各位新手，開始把電動馬達用在真正的機器人上吧！文：戈登・麥克科姆 譯：曾筱涵

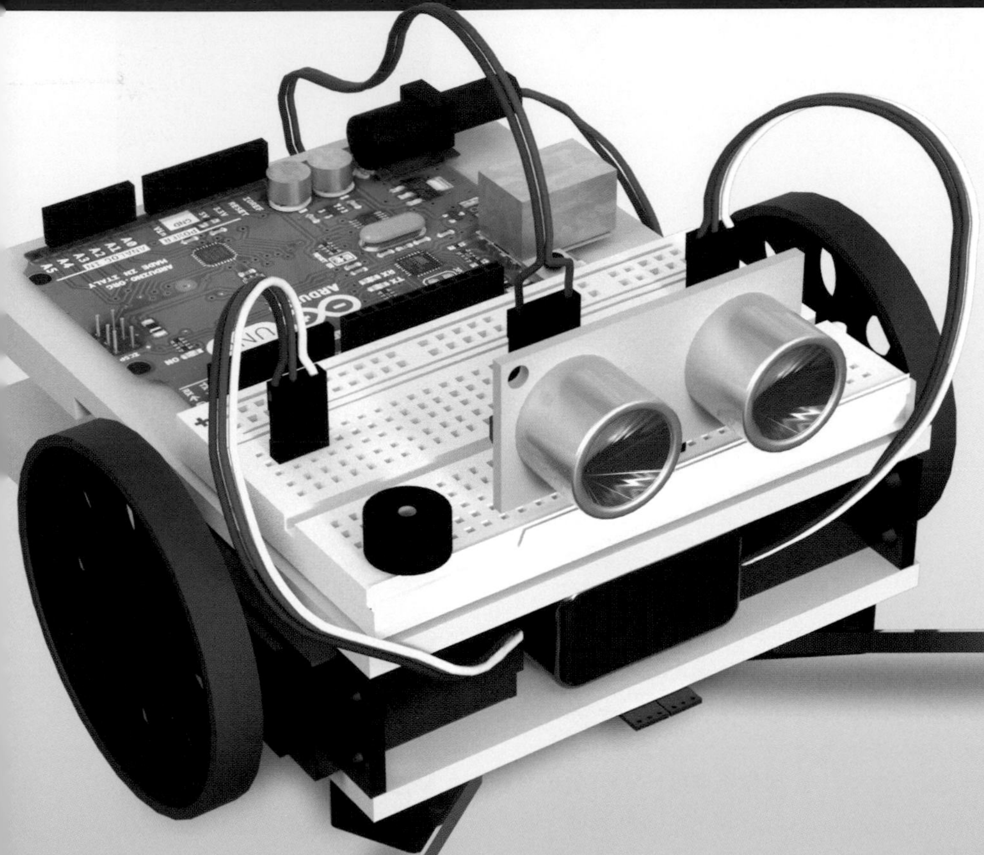

以下是我們寫給初學者的新書《How to Make a Robot》（暫譯：如何製作機器人）中，有關「電動馬達」內容的預覽。沒錯，就是會聽從指令的真正機器人！我們稱之為Make:Bot機器人，只需要一般的電子零件，再加上些手工藝店和五金行可取得的工具材料，就能拼湊打造這個機器人，搭配便宜、好用的可編程Arduino微控制器還能讓他變得更聰明！

Make:Bot是個五合一機器人，融合以下五個機器人的主要功能於一身：

» ***Tai Chi Bot*** 太極機器人可重現預先以程式寫入的招式動作
» ***Touch-and-Go*** 一碰就走機器人使用它的「觸鬚」遊走環境中
» ***Bat Bot*** 蝙蝠機器人發送聲波來偵測及避開障礙物
» ***Remote Bot*** 遙控機器人讓你可透過TV搖控器控制它
» ***Line Bot*** 循跡機器人會沿著海報板上畫的線移動

建議具備基礎焊接技巧及Arduino程式編寫能力，除此之外，打造Make:Bot機器人並不需具備任何經驗，甚至有整組套件可供你使用！

戈登・麥克科姆 Gordon Mccomb 一位作家，寫過超過65本書和上千篇雜誌文章，被《MAKE》雜誌稱為「業餘機器人之父」。

A

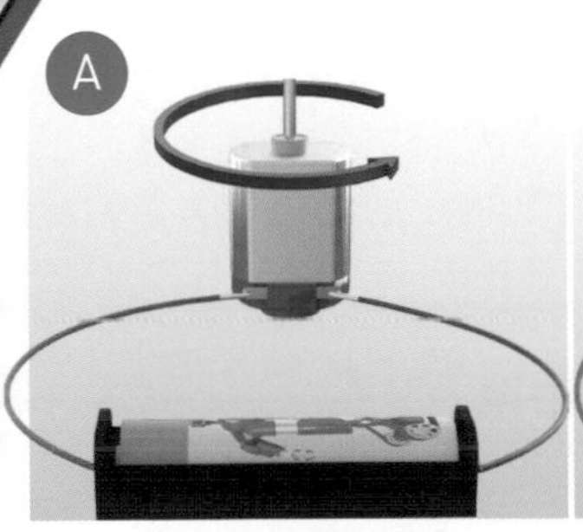

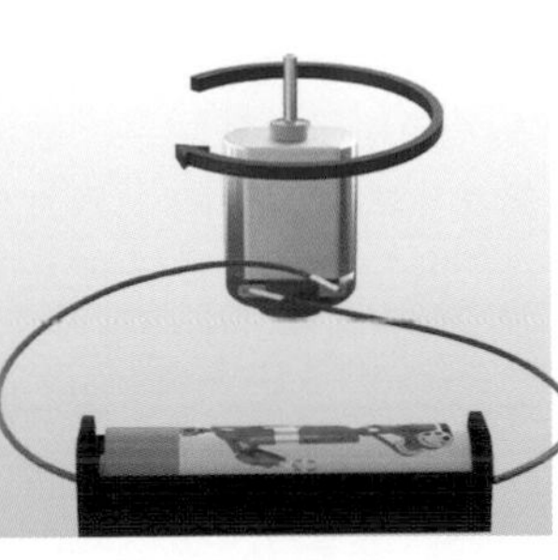

電動馬達供電

從一個地方移動到另一個地方，是許多機器人不可或缺的獨特能力，通常是由電動馬達來提供移動功能，馬達接上電壓後會旋轉，進而使機器人移動。

使用單顆電池或電池組為馬達提供電源，若要改變馬達轉動方向，只要將電池＋－兩端互換即可（圖A）。

速度及轉矩為馬達動作時兩大重點，速度指的是馬達的迴轉速度，基本上以轉每分鐘迴轉數（RPM）來標示，而轉矩就是馬達運轉時之總扭力。

增加馬達轉速及轉矩最好的方法就是串聯更多電池，請將4顆電池放入4顆一組的AA電池座，注意電池正負端以正確的方向放置，再將馬達與電池座連接。

B

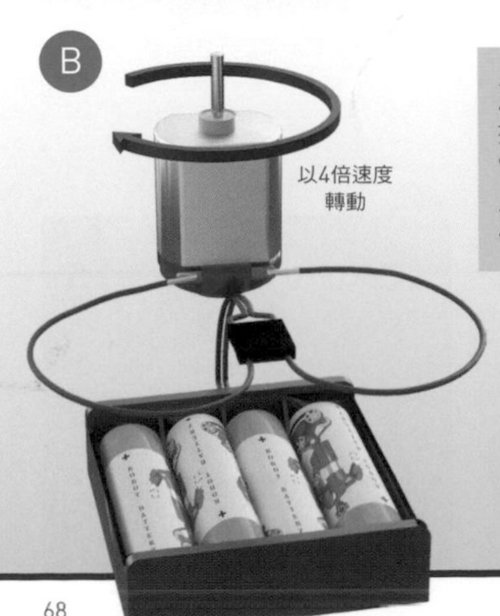

注意： 請勿直接從ARDUINO供電給這款普通的DC馬達，否則會毀了你的ARDUINO。

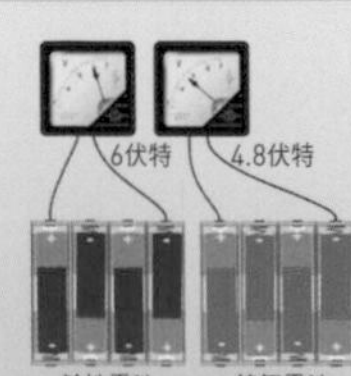

3號AA電池與電壓

鹼性AA電池電壓每顆為**1.5伏特**，四顆電池串聯為一組，電壓**6伏特**。

可充電的AA電池，像是鎳氫電池，每顆**1.2伏特**，四顆**4.8伏特**，使用可充電電池時，電壓下降會造成機器人馬達轉速稍微變慢。

會發生什麼事呢？

馬達會以四倍速度轉動，因為現在是以4×電壓供電（圖B）。馬達轉矩也會增加，你需要額外的轉矩讓機器人到處移動！

伺服馬達

Make:Bot機器人使用的伺服馬達較為特別，類似於無線電控制（R／C）模組和玩具裡用的馬達（圖C），但是，不同於一般R／C伺服馬達受限於90°（或更大）的轉動弧度，業餘機器人用的伺服馬達可能會不斷地往任一方向轉動。

其運作方式為發送一連串不同時間長短的脈衝來操控馬達，脈衝持續時間為1至2毫秒（圖D），使用Arduino微控制器，也就是機器人的大腦，就可輕鬆產生控制訊號。

注意： 千萬別將伺服馬達電池兩極反接，否則有可能會造成損壞！

ARDUINO + 伺服馬達

一個Arduino微控制器（圖E）就能操控Make:Bot機器人所有功能，Arduino內之軟體運作決定了機器人該做什麼，Arduino上的輸入／輸出（或I/O）針腳可連接至你的機器人伺服馬達或其他硬體，獨立的電源針腳可用來為你額外添加的元件供電。

伺服馬達為獨力供電，所以這些元件不會對微控制器造成負擔，Make:Bot機器人使用了兩種電池電源：其一為驅動Arduino的9V電池，另一為伺服馬達用的4顆AA電池組（4.8或6伏特）。

示意圖（圖F）說明了機器人伺服馬達如何接線。

取得套件！

開始打造自己的Make:Bot機器人吧！請至makershed.com/products/make-how-to-make-a-robot購買電子零件套組以及《如何製作機器人》手冊。

假如你想上網學習，請購買套組並至makershare.com/learn參考我們新推出的線上學習工作坊。

C

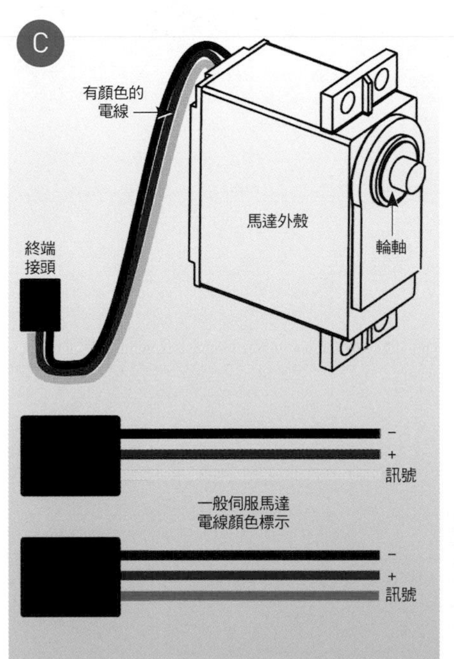

D

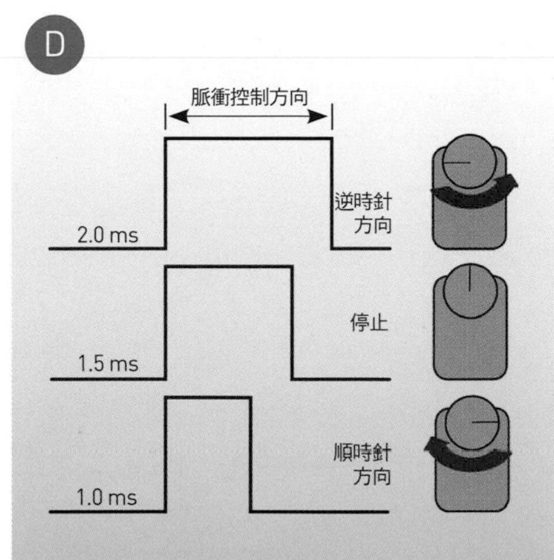

非專業馬達的主要優勢： 其內建驅動電路，可直接由Aruino之I/O針腳連接控制。此外，這種伺服馬達要加裝輪子或是安裝在機器人上都很容易。

E

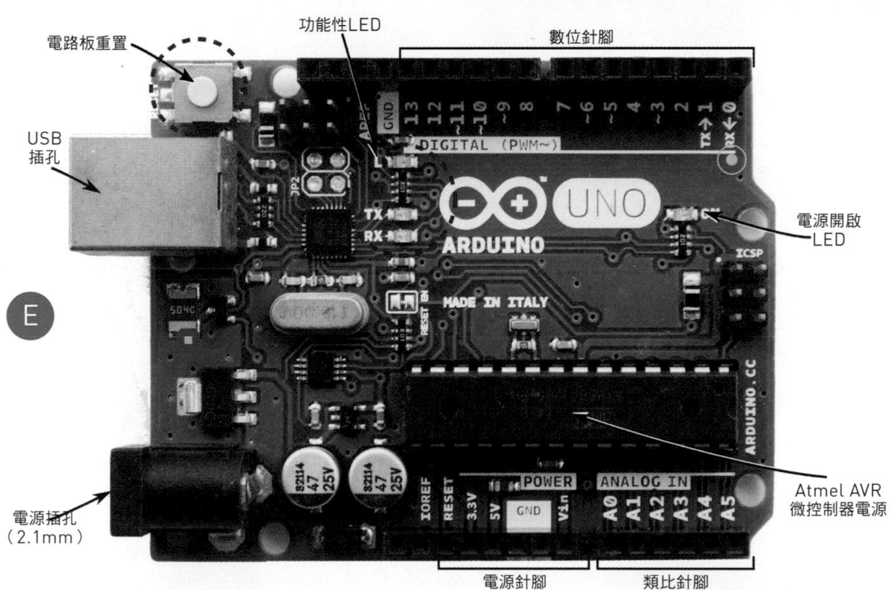

F

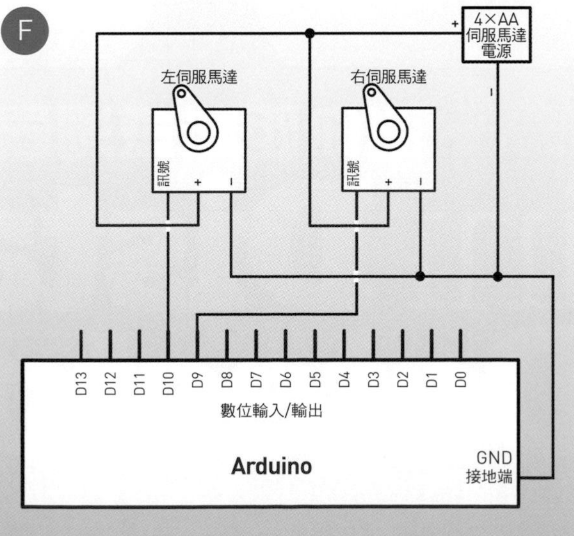

我可以用9V電池驅動MAKE:BOT機器人嗎？

不行，9V電池無法提供足夠電流讓伺服馬達運作。

如果只使用一個電池組呢？

不建議這樣使用，Arduino至少需要7V來運作，但大部分伺服馬達只需4.8V–6V，而且，也不建議用Arduino的5V穩壓電源驅動伺服馬達。

Gordon McComb

迷你距離感測器
Mini Distance Detectors

用兩個微型紅外線感測器定位附近的物體

文、圖：福雷斯特．米姆斯三世 譯：曾筱涵

時間：
1～2小時

難度：
簡單

成本：
15～50美元

材料

- » **近紅外光距離感測模組，採用三角測量法，** Pololu #2474, pololu.com
- » **電池，AAA（2）**
- » **電池座，2xAAA**
- » **導線，小線徑，**如 30AWG 芯線

壓控振盪器材料（可選用）

- » **TLC555 計時器 IC 晶片**
- » **迷你音響，8Ω**
- » **電阻：68Ω（1）和 680Ω（1）**
- » **電容：2.2μF（1）和 47μF（1）**

工具

- » **電壓表**
- » **繞線工具及剪線器**
- » **烙鐵及焊錫**

福雷斯特・米姆斯三世
FORREST M. MIMS III
（forrestmims.org）是一名業餘科學家，同時也是勞力士 Rolex Award 獎項得主，名列 Discover 雜誌「科學金頭腦 50」（50 Best Brains in Science）之一，著作已售出超過 7 百萬本。

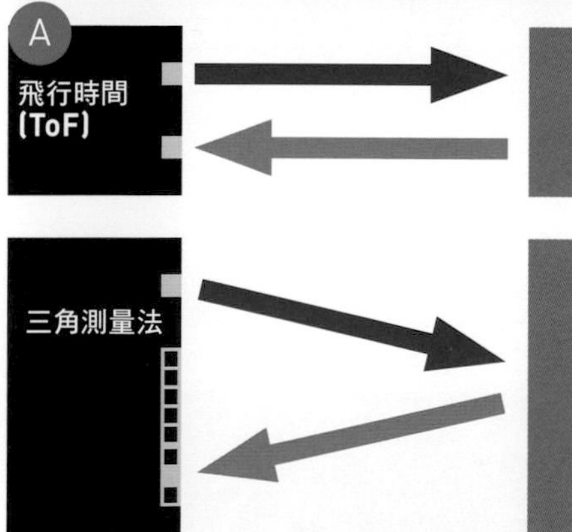

配有 STM ToF 距離感測模組之 Adafruit 擴充板。

Raul Arias, vecteezy.com, Forrest M. Mims III

幾年前，我為盲人設計輔助旅行用的小型裝置，我的設計以有點野蠻的方式來偵測物體，方法是將一連串高脈衝電流應用於高功率近紅外光LED，這些脈衝紅外光束，最遠可自12英尺外的物體反射回來，1英寸大的方形矽太陽能電池偵測到後，會放大訊號並送進小型耳機，機子再以脈衝紅外光的頻率發出可聽音調，以音調之音量大小提示使用者物體的距離遠近。

此偵測方法的問題是，距離較遠的物體若IR反射率較佳，像是白色物體或綠色樹葉，其產生的音量會與距離較近、但反射率較差的暗色物體相似，因此，我實驗了三角測量法，這個方法能提供更明確的距離指標。此手持裝置的特色為：鏡筒內有一光電二極體安裝於透鏡後，向下推按時鏡筒會稍微旋轉，當旅行輔助裝置發出聲音提示前方有東西，盲人可按下按鈕，讓光電二極體鏡筒向下，此狀態下鏡筒會發出最大聲音，提示物體所在之估計距離。

雖然這方法有效，但與現今現成的距離感測器相比，就像石器時代的產物。以往要價20,000美元的可攜式長距離雷射距離感測器，現在只要幾百美元即可購得，配有超音波及主動式近紅外光系統的短距離感測器，現在也可測到幾碼外的物體，有些短距離感測器還能用於擴充板上，以便與Arduino或類似的控制器連接，且要價不到20美元，另外有些裝置的類比輸出電壓與距離成正比，這些設備都可為機器人裝置、無人機和玩具提供距離感測功能，還能應用在開關裝置，像是在有人接近時就開關門鈴、設備或電器。

距離感測器的設計已臻成熟，現在只需要將它們連接至相關電路或控制器，並接通電源。首先，我們先來看看採用飛行時間（time-of-flight）法的近紅外光距離感測器，接下來再看看更簡易的系列，採用三角測量法（triangulation）估算距離的近紅外距離感測器，兩種方法如圖Ⓐ所示。

飛行時間距離感測器

最先進的近紅外距離感測器模組是透過測量雷射發出的近紅外閃光從物體反射回感測器模組所需的時間，以確定物體距離，光要在1納秒（十億分之一秒）內傳播1英尺並不容易，STMicroelectronics（意法半導體，ST）開發出微型飛行時間（ToF）距離感測模組，尺寸僅2.8mm×4.8mm，約為一粒米的大小，這個設計出眾的裝置內含微處理器、測距電路、雷射及可檢測單光子的崩潰光二極體，測量距離時不會受目標物體本身的顏色及質地影響，不過，透明或類似鏡面的表面，以及具有漫射面的物體也許會偵測不到，需經過多次反射才能確認其距離。

雖然ST的FlightSense詳細技術內容為其商業專利，EP 2728373 A1專利內容卻透漏了一項關鍵訊息，那就是他們「優化了飛行時間感測器的像素電路」：

「該測量電路中，該電容正常會以已知速率於放電時間內放電，該放電時間長短取決於該入射光子進入該SPAD（單光子崩潰二極體偵測元件）被偵測到的時間，因此，該電容上最終電荷量即該光子飛行時間之類比模擬表示。」

儘管使用SPAD令人印象深刻，但此發表內容中最有趣的部分為該裝置並沒有使用高速時脈來測量飛行時間，而是以電容上的電荷量與飛行時間成正比取而代之，飛行時間可測到十分之一納秒。

ST的VL53L0X飛行時間距離感測器測距範圍約為1英寸至3英尺左右，甚至更遠，可從Adafruit、Pololu和其他供應商購得配有VL53L0X及相關電路的分線板，價格不到15美元，其他短距離偵測模組也可使用，Adafruit以「微型雷達」形容他們的小小擴充板（圖Ⓑ），對這厲害的系統來說著實為實至名歸。

採用三角測量法的距離感測器

採用三角測量法的距離感測系統，其偵測策略比ToF簡單許多，一般的三角測量感測器內採用一面向前方的近紅外光LED，LED與鏡頭後一排光電二極體相鄰，光電二極體接收由物體反射最強的近紅外光線，進而指示出物體距離。

夏普生產了一系列紅外光類比輸出測距裝置，包括GP2Y0A60SZLF，大小約為14針DIP，稍微有點厚度，此類比

Pololu 近紅外距離感測模組。

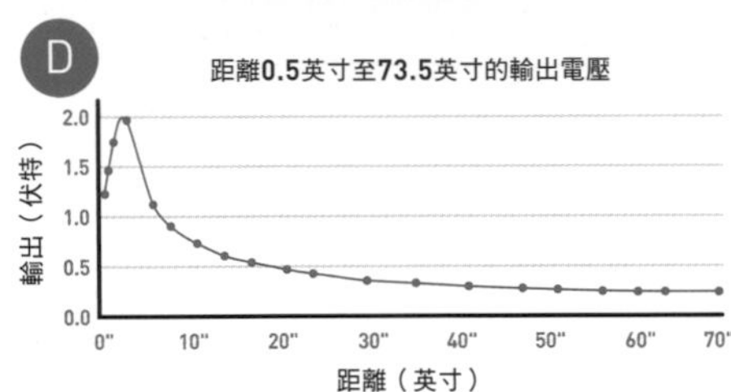

Pololu 近紅外光距離感測模組之電壓 vs. 距離。

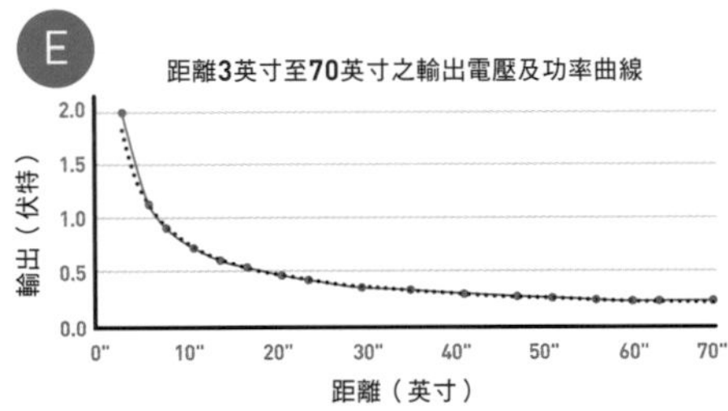

刪去前三個數據的 Pololu 近紅外光測距模組電壓 vs. 距離。

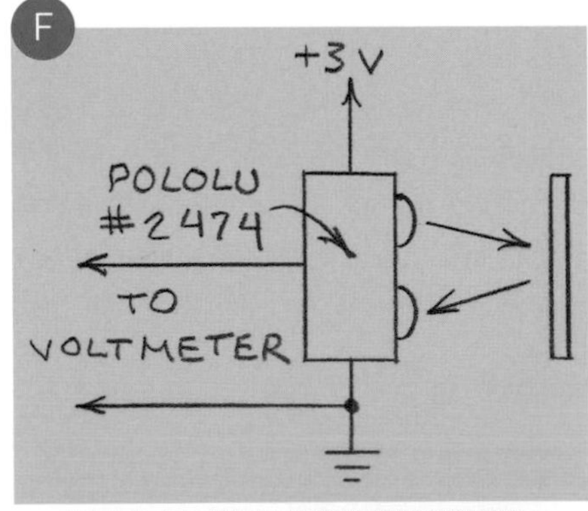

基本的 Pololu 近紅外光距離感測模組測試電路。

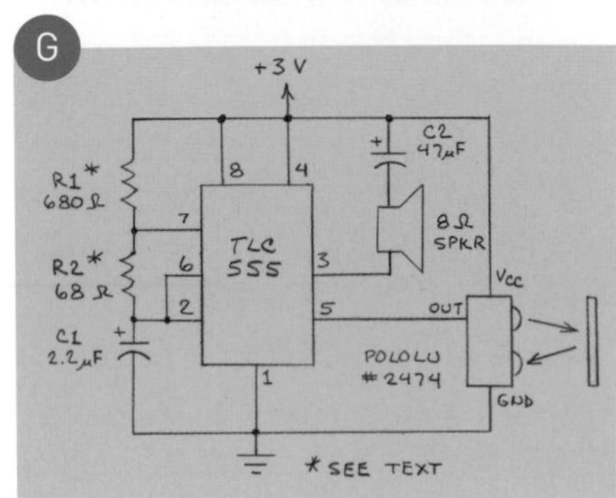

Pololu 近紅外光距離感測器加上 TLC555 壓控振盪器。

裝置發出的電壓與目標物體所在距離成正比，裝置內還需有5個電阻器和8個電容器，這些元件和距離感測模組一起安裝在Pololu電路板上（pololu.com/product/2474），裝配好後整個裝置大小只有3/8×1 1/4英寸（圖C）。此模組最令人印象深刻的特色為其光源及感測器鏡頭直徑僅1/4英寸；還有一點同樣令人驚艷，該模組在陽光下也能順利運作！

夏普的產品說明中，提供相當多與使用此模組有關的訊息，為了驗證輸出電壓與距離間的數據關係，我將Pololu模組安裝在我的工作檯上，指向一塊可移動的白色塑膠片，模組輸出電壓會隨著偵測範圍內的目標物距離而改變，隨後電壓值再被輸入試算表，數據結果如圖D所示，與夏普提供的數據表非常接近。

請注意看，目標物體之距離小於幾英寸時，圖表中輸出電壓值發生急劇改變。刪除物體距離最近的三個數據後，結果如圖E所示，功率曲線近乎完美，R^2數值接近1。

建立測試電路

ToF和三角測量近紅外距離感測模組均依照冗長的使用說明運作，請仔細閱讀以了解如何操作以及其限制。在更深入之前，你可以先用搭配類比輸出的Pololu #2474三角測量測距模組，快速進行近紅外光測距實作。如圖F所示，你只需要一個模組、一個3V電池組（一個電池座內放兩個AAA電池）和一個電壓表就可建立電路，將附帶的1×4，0.1英寸直角接頭焊接到模組上，你就可以用導線把電池與模組快速連接起來。

圖G中的電路將Sharp GP2Y0A60SZLF模組類比輸出電壓轉換為音調頻率，音調會隨距離產生變化，該模組的類比輸出端與作為壓控制振盪器（VCO）的TLC555計時器相連接，TLC555為CMOS、低電壓版的標準555計時器，VCO會驅動小型8歐姆音響，運作時，近距離物體產生的音調頻率會比遠距物體高，我把這個電路配在麵包板上，作了一個縮小版的電路（圖H），整個電路加上迷你音響、兩個AAA電池和Sharp模組，可一起放進Altoids翻蓋馬口鐵盒裡。

這個超簡易的裝置可偵測到2英尺外1/8英寸的圍籬鐵線，10英尺外3 1/2英寸的木柱也偵測的到，以上為它的最大偵測範圍，此裝置近距離偵測表現更佳，因為物體距離超過幾英尺後，其對應之音調頻率就不會有明顯變化，這點比較可惜。

選擇適當的感測器

對基本的物體偵測來說，採用三角測量法的近紅外距離感測器運作起來效果頗佳，尤其是短距離偵測的部分，若想要更精確的測量，最好採用ToF「微型雷射」感測電路，但需搭配微控制器使用，超聲波感測器之應用可能性也不容小覷（請參閱《MAKE》雜誌原文版61期第56頁、中文版36期58頁〈機器人雷達〉）。相關內容我會在未來的專欄內容裡介紹。

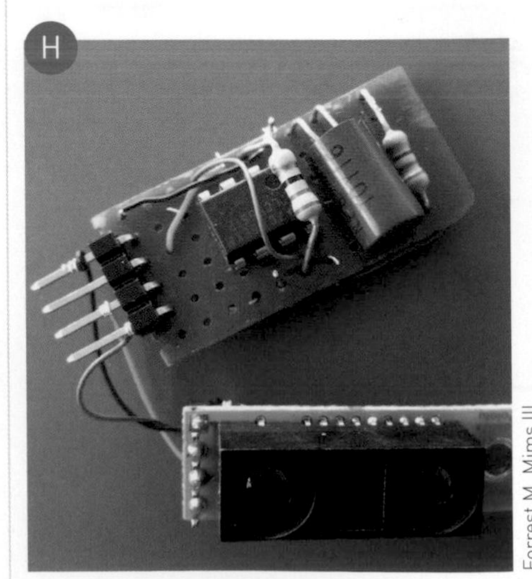

Forrest M. Mims III

近紅外光模組及壓控振盪電路圖。

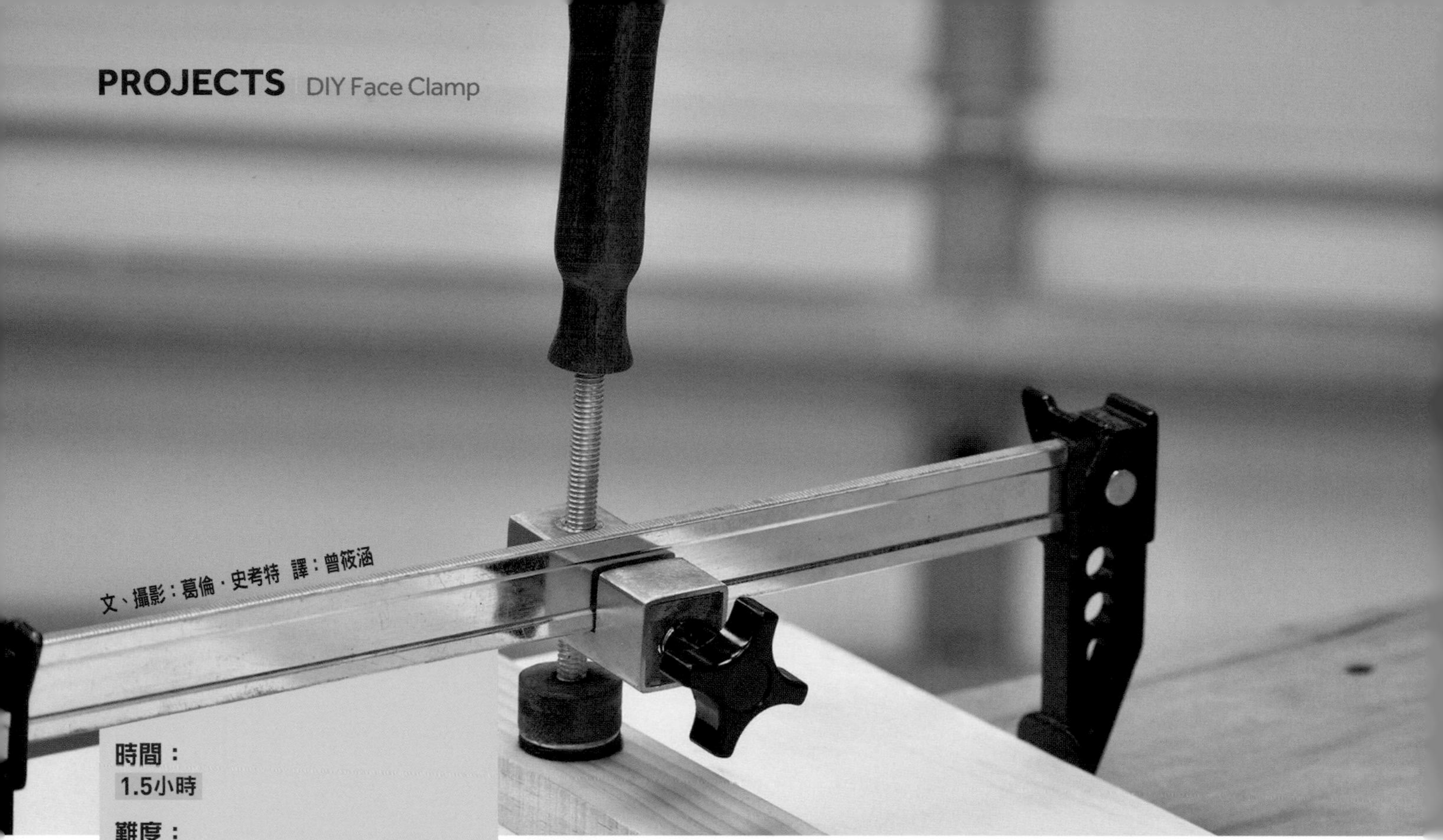

文、攝影：葛倫．史考特 譯：曾筱涵

Save Face
木工救星
用夾具輕鬆將木飾板固定於工件表面

時間：
1.5小時

難度：
中等

成本：
16美元

材料

- 鋼製方管，$2^1/_2$"×1"×$^1/_{16}$"，五金行可購得
- 硬木塊
- 牙條（螺桿），牙徑$^5/_{16}$"～18，長度7"～10"
- 星形把手螺絲，$^5/_{16}$"～18
- 螺套，內螺紋$^5/_{16}$"～18（2），用於硬木，我用的是一整個套件組，內含把手和螺套，Amazon #B01DRGF1IE
- 大墊圈（2），放在軸座上下
- 小墊圈（2），放在軸座裡
- 毛氈墊

工具

- 鋼鋸和小木鋸
- 中心衝
- 木槌
- 電鑽和鑽頭，平底鑽頭（Forstner bit）
- 鋸孔器
- 銼刀
- 鉗子
- 黏膠，像是環氧樹脂或金剛固力膠（Gorilla Glue）
- 夾具
- 車床和角磨機（可選用）

葛倫．史考特
Glen Scott
經驗豐富的DIY大師，他錄製影片一步步分享專題製作過程，大部分專題用簡單的工具即可完成。

A

B

你是否遇過很難把木飾板固定在另一個工件表面的情形？我相信很多人都有這種經驗。而這個附加夾具是解決問題的好方法，它的設計可搭配一般夾具使用，只要夾上去，轉緊把手即可。

1. 切割方管並鑽孔

使用中心衝在距離方管末端邊緣$^1/_2$英寸處做記號，鑽一個$^1/_2$英寸的孔（圖A），鑽頭保持直立，一路往下鑽，貫穿管子從另一側鑽出。

接著，在距離方管另一端$^3/_4$英寸處切一道切口，作用是讓原本的夾具可崁入放置，請使用鋼鋸切出凹槽（圖B），再用銼刀修整粗糙不平的切緣。

2. 安裝木塊及螺套

切一小塊大小約$2^1/_2$×1×1英寸的木方塊，將木塊塞進金屬方管（圖C），你可以加點樹脂膠或金剛固力膠加固，然後再將金屬管凹槽區塊內的木頭切除。

接下來，再鑽一次$^1/_2$英寸那個孔（圖E），旋入螺套（圖F），此螺套為夾住工件的關鍵。

接著在另一端裝入第二個螺套，這個螺套可將附加夾具鎖在原本的夾具上（圖G）。

3. 製作夾具專用螺絲

請在牙條上小心切出一圈凹槽（圖H），這部分我用固定在臺鉗上的研磨機來施作。

為了製作固定環（擋圈），我選用圓洞較小的墊圈，讓墊圈留在凹槽內，請剪斷墊圈（圖I），撬開後套進凹槽，再把墊圈夾合閉鎖（圖J）。

4. 製作把手

我用車床製作硬木把手（圖K），接著先在把手中間鑽一道孔，再用牙條於把手內攻牙（圖L）。

5. 製作軸墊

取1英寸或更厚的木塊，用尺寸比小墊圈還大一點的平底鑽頭，鑽掉約½"深的木材（圖M）。接下來，取尺寸與大墊圈相仿的鋸孔器（圖N），鋸出整個圓木，取下鋸好的圓木塞，裁至1英寸長（圖O），這就是你的軸座墊。

請把螺桿穿過木軸墊，將擋圈上的小墊圈黏在軸墊內，再將另一個小墊圈置於螺桿末端－墊圈孔徑必須小於螺桿，螺桿才不會鬆脫（圖P）。

現在，取一個大墊圈黏在木軸墊的底部（圖Q），（軸墊頂部再黏一個大墊圈的話很不錯，理想狀況是把軸墊像三明治般夾在兩個墊圈間），最後，將軸墊和墊圈夾在一起，待黏膠固定成形。

6. 最終組裝

在墊圈上加一個1英寸毛氈，作用為保護工件（圖R），接著把螺桿穿過連接桿，鎖到桿上，並用膠水加固，最後再將星形把手鎖緊至底。

可以用囉！

做木工時，若要將工件固定在另一工件表面，這個附加夾具會是你固定時的好幫手，不論是水平固定（圖S）或者垂直固定（圖T）都很方便，希望你也覺得好用。

[+] 請至youtu.be/Is67ZeGAdqo觀看製作過程和更多訣竅。

A Logical Oscillator

有趣的基礎電子學：邏輯振盪器

用反相器晶片代替555計時器產生音頻

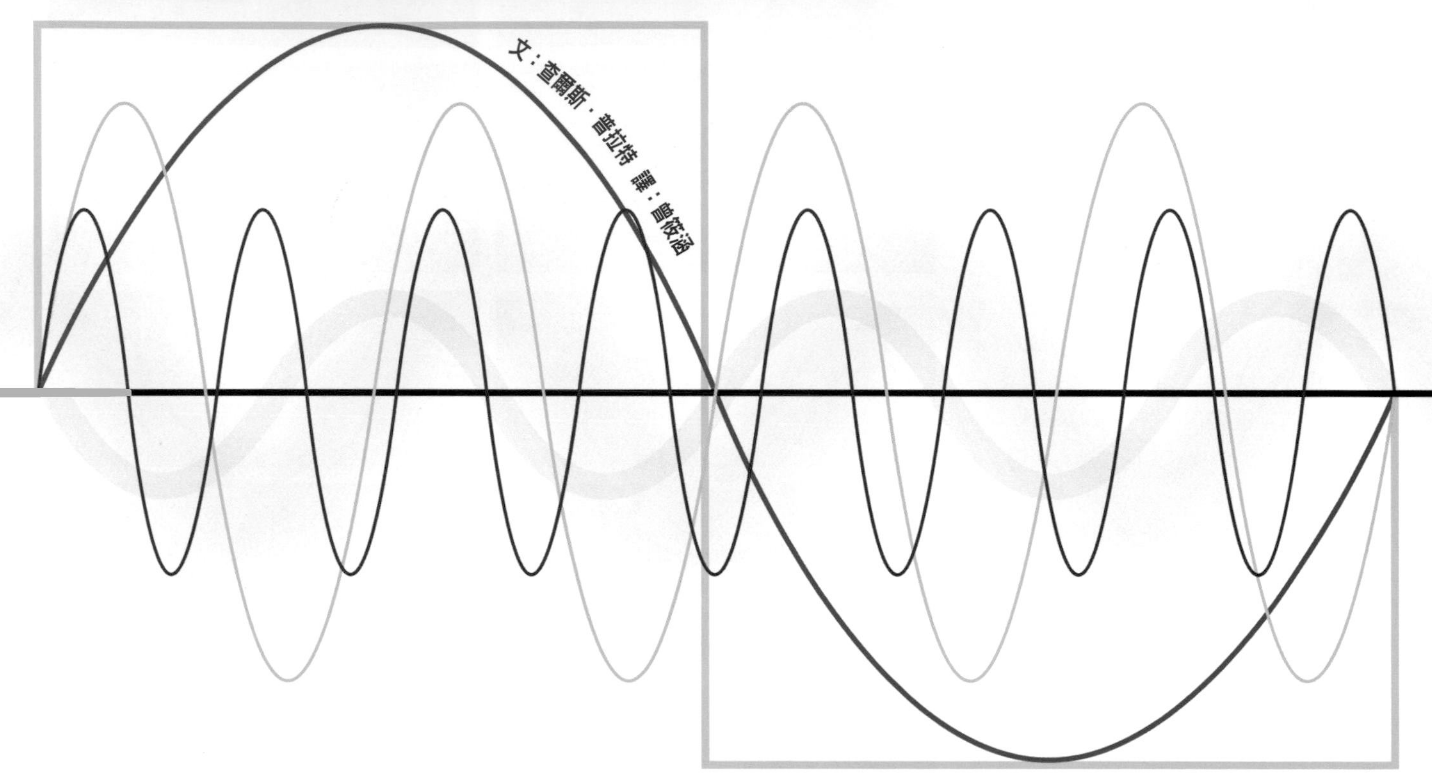

假如你去觀察任何會閃燈或發出噪音的電子零件內部，就會發現有一個振盪電路，555計時器是產生振盪的慣用元件，但這邊我想告訴大家如何用世界上最簡單的邏輯閘，以極小的成本和少量輔助元件來建構振盪電路。

此邏輯閘為一種反相器（inverter），代表符號如圖Ⓐ所示，反相器振盪電路可為機器人、電動遊戲等製造聲音效果，還能做更多應用，其晶片內包含六個反相器，零售價格約50分美元，只要兩個晶片，便能產生一組音階裡12個半音，晶片數量加倍，就有兩個八度的合音，假如你能把廢棄玩具裡的鍵盤搶救出來，整個裝置就只需花費10美元左右。

反相器只有一個輸入及輸出，若輸入為高電壓，輸出則為低電壓；若輸入為低電壓，則輸出高電壓。聽起來不是很有趣，但當你把輸出接回輸入後，事情就不一樣了，請見圖Ⓑ。

現在，當高輸入產生低輸出時，此低輸出會經電路迴圈變為低輸入，進而再產生高輸出，而高輸出經迴圈又會形成高輸入，從而生成低輸出－這個循環每秒重複約1000萬次。

現在電路開始振盪了，我們只需讓它慢下來。

假如你讀過我的《圖解電子實驗專題製作》，你會知道用一個電阻串聯一個電容可以調整電子訊號的速度。圖Ⓒ中，電容與反相器輸入端連接，因此輸入訊號無法立即轉換高低狀態，必須等待電容透過電阻完成充、放電，而我們選用的電阻和電容值，則會決定振盪頻率。

不過，其中有個問題，假如連高、低輸入分界線上下的微小變動都能觸發反相器，那麼只要溫度或電源供應有小小的變化，就會讓反相器不規則動作。

幸好有種稱為施密特觸發器的電路，由一些邏輯晶片構成，只要你看到圖Ⓓ中的符號，就知道該元件有此電路特性，這個電路設立了一段門檻值以界定高低輸入電壓。

5V邏輯閘中，施密特高輸入閾值電壓為3V，低輸入閾值電壓為2V，反相器會忽略兩閾值電壓間的小電壓變化，保持原本的輸出電壓值，圖Ⓔ中有4張小圖說明該電路如何運作。

對單純的電路應用來說，搭配施密特觸發器的反相器已足夠穩定，若搭配可變電阻器要調整電路也很容易，如圖Ⓕ所示。但要注意，如果可變電阻調降至零，請務必添加固定電阻以保護晶片。

如圖Ⓕ，若你擷取反相器的輸出訊號，會得到方波，因為輸出電壓幾乎是瞬間在最高與最低電壓值間轉換；若你擷取輸入訊號，則會得到鋸齒波，因為輸入電壓受控於電容之充放電，以音頻來說，鋸齒波

時間：
2小時

難度：
簡單

成本：
15～20美元

材料

- » 9V 電池或 AC-DC 轉換器（9VDC 或 12VDC），或者用可調式電源供應器（最高可調至 12V）
- » 無焊麵包板，尺寸最大的
- » 跳線，各種顏色
- » 音響，直徑 3"，8 歐姆
- » 自己選個外殼，給音響用
- » 可變電阻：50kΩ (2)、500kΩ (2)、2kΩ (1)
- » 陶瓷電容，耐壓值至少要有 16VDC：0.1μF (1)、0.33μF (4)、10μF (1)
- » 電解電容，耐壓值至少要有 16VDC：220μF (1)、也可選擇 1,000μF (1)，可用於降噪
- » 電阻：1kΩ (2) 和 100kΩ (2)
- » 二極體，1N4148 (2)
- » 40106B CMOS 六反相器 IC 晶片，通孔式，DIPP（塑膠雙列直插）封裝
- » LM386 功率放大器 IC 晶片

工具

- » 萬用電表
- » 剝線鉗
- » 鉗子

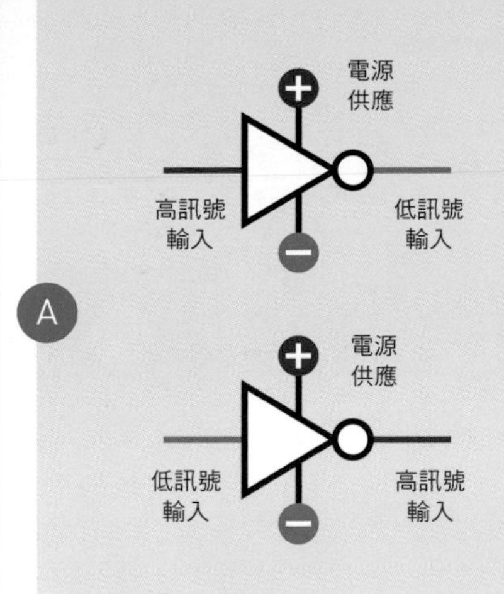

B

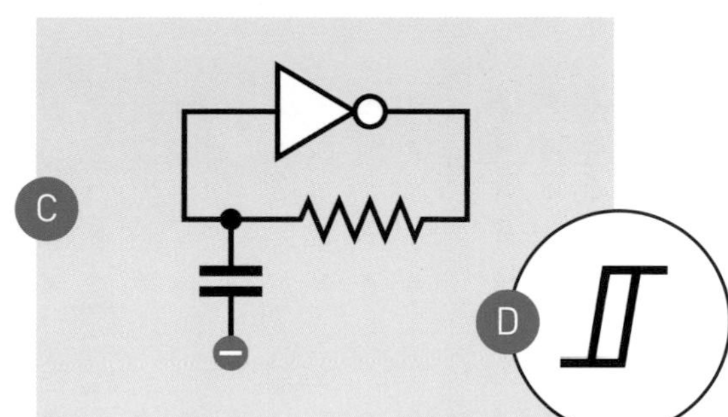

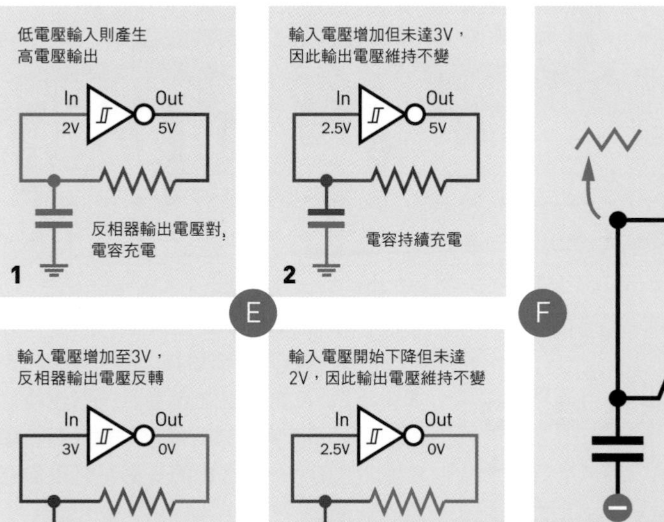

F
固定電阻
可變電阻

聽起來比方波來得柔和。

合音的部分，每個音符都需要一個反相器，各反相器再共用一個放大器，若想完成合音，首先要了解如何連結兩個反相器，如圖G所示。一般來說，會使用電晶體或運算放大器（Operation amplifier，OPA）來混合振盪輸出，但一切都要「便宜、簡單、還不錯」是我奉行的箴言，此外，振盪器必須受到保護，任何會反饋進入電源的微小波動都要避免，因此，我使用二極體連結振盪器輸出，同時也可讓其中一條電路調整增益時，不會影響另一條電路，對追求高保真的音響迷來說，這種配置也許不盡人意，但這聲音已經夠讓我滿意了。

把此電路配在麵包板上有點不方便，因為反相器旁根本放不下可變電阻，圖H是我重畫的解說圖，這個電路較容易配在麵包板上，圖I則是電路配置完成後的成品。

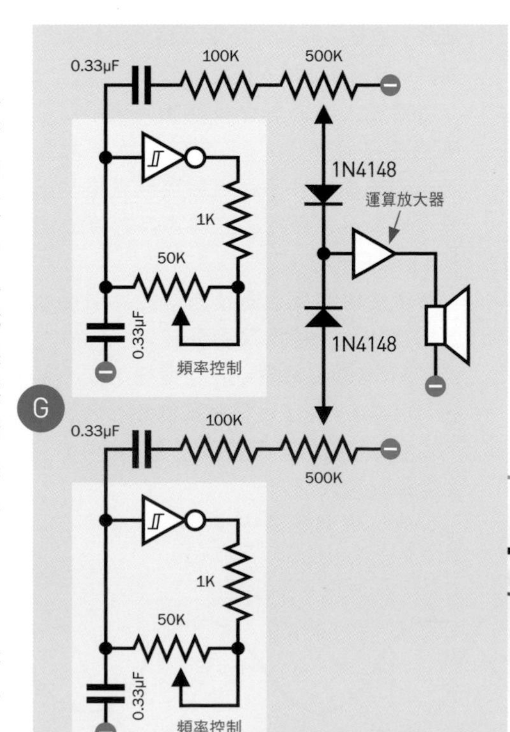

查爾斯・普拉特
Charles Platt
《圖解電子實驗專題製作》一書作者，該書為各年齡層讀者簡介電子學相關知識，其著作還有續集《圖解電子實驗進階篇》及共 3 冊的《電子元件百科全書》（Encyclopedia of Electronic Components），新書《Make: Tools》（暫譯：用工具動手做）已上市。makershed.com/platt 。

Charles Platt

I 插上麵包板的一對反相振盪器。

Charles Platt

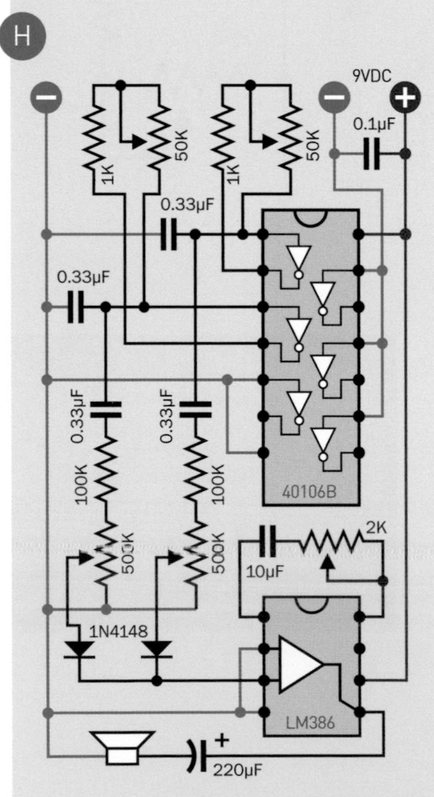

LM386晶片為音響擴大器，你可以在20到200的範圍內調整擴大器增益，可選擇使用2K可變電阻或者選用一固定電阻器搭配10μF電容進行調整，擴大器會驅動盒內3英寸的8歐姆的音響，重現較低頻的聲音。

40106B為反相器晶片，最高可承受18V的電源，LM386可至12V，因此，你可以直接用9V電池驅動電路，無需電壓調節器，但是，假如你希望每個音符的音調保持一致，就該加入穩壓電源。

使用放大器總是會有雜訊問題，靠近反相器晶片的0.1μF電容是用來抑制雜訊的重要元件，假如你發現電路發出蜂鳴聲或嗡嗡聲，請在電源多跨接一個1,000μF電容。

將未使用的反相器輸入端連接到接地匯流排負極，輸出端則保持浮接，除了220μF的輸出電容以及可選擇用或不用的1,000μF電容為電解電容外，電路裡其他地方請使用陶瓷電容，電容的耐壓值至少要16VDC。

你會從這個電路中獲得許多樂趣，用數值更高的電容代替振盪器內其中一個0.33μF計時電容器，另一個振盪器就會產生顫音效果，使用10μ電容橋接兩個反相器，你會聽到彷彿怪物在紙箱裡咆哮的聲音。

那超廉價合成器呢？只要加入更多振盪器，將每個振盪器透過二極體連接到放大器輸入端，再用吉他調音應用程式調整每個音的音高，以鍵盤切換音調，一切就完成了！

[+] 想知道更多關於施密特觸發器的技術內容，請上網搜尋德州儀器發行的應用報告SCEA046。想更了解邏輯振盪器，請查閱快捷半導體（Fairchild Semiconductor）的應用筆記118，你會發現更多可能性。

Make:
圖解電子實驗進階篇
More Electronics

從探索中學習電子學！

36個圖解實驗，詳細說明
邏輯電路、放大器、感測器和更多電子元件的運作

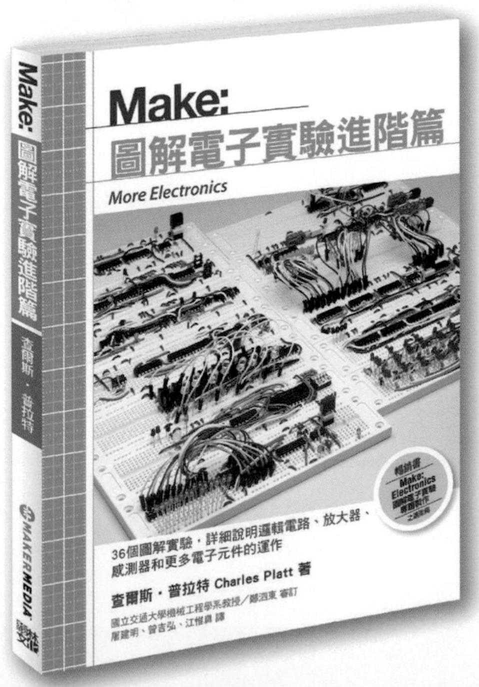

◎ 從探索嘗試中，一步步提升專題的計算能力！
◎ 36個全彩圖解實驗，步驟、概念清楚易懂！
◎ 提供零件總清單和各實驗的零件清單，讓你方便採購！

電子學並不僅限於電阻、電容、電晶體和二極體。透過比較器、運算放大器和感測器，你還有多不勝數的專題可以製作，也別小看邏輯晶片的運算能力了！

讓《圖解電子實驗進階篇》帶領你走進運算放大器、比較器、計數器、編碼器、解碼器、多工器、移位暫存器、計時器、光條、達靈頓陣列、光電晶體和多種感測器等元件的世界吧！

誠品、金石堂、博客來及各大書局均售
馥林文化 www.fullon.com.tw 《馥林文化讀書俱樂部》

定價：580元

OpenBraille

開源點字印表機

超低成本打造點字壓紋機

文：卡洛斯．坎普斯 譯：蔡宸紘

A

B

C

卡洛斯．坎普斯
Carlos Campos

曾就讀麥基爾大學物理與數學學系，並於蒙特婁工程學院機械工程系完成第二學位。最大夢想是成為發明家、開發產品，並成立公司。

這項專題是因為遇見艾爾維諾（Alvino）而開始的。出生於巴哈馬的艾爾維諾天生失明，現今他已移民加拿大。雖然加拿大政府能補助盲人點字印表機的費用，但是機器本身不僅昂貴，修理費用也很高。於是我開始構思打造一臺，讓他在彈奏手風琴時能讀譜。

我的最初發想是使用一組點針和旋轉編碼器，來打造一臺創新的點字印表機。市售的點字印表機是在一次列印內就完成所有浮雕點字。而OpenBraille使用了滾輪和物理編碼器，這樣一來，機器能逐字完成列印作業，所需力道較低，讓我們能輕易使用3D列印零件製作。

首先我從編碼器的設計和列印開始著手（圖A）。

當凸紋列印頭在紙上來回移動時，三個點針會撞擊打出點字。這些點針由3D列印的編碼器轉輪以三軌個別驅動，以凸輪及從動件的方式運作，正確壓出每個點字的字母。

編碼器的三個點針是用釘子和六角螺帽製成（圖B），而點針是唯一需要用工具來製作的零件，你可以使用旋轉工具和萬能鉗製作。

剩餘的部件，我就用3D印表機的基本零件和幾張合板來完成（圖C）。

歷經三個禮拜日夜以繼的努力後，我印出了第一張點字卡，當Alvino收到時，他也順利讀懂了紙上的訊息：「嗨，艾爾維諾」（Hola, Alvino）。

因為點字印表機是用現成的3D印表機改造而成，其實並不需要太多編程。只需要修改Arduino用的韌體，並撰寫Python的程式碼，讓點字能夠轉譯成G碼。

OpenBraille是由LaCasaLab團隊製成。該團隊是由我和我室友克里斯提．福厄尼葉（Christelle Fournier）成立的自家實驗室。在此要特別感謝Sensorica以及Eco2Fest，還有幫我們編寫使用者介面的大衛．帕西（David Pache）。這項專題也贏得了2017年Instructables的Arduino大賽首獎。

當然這項產品仍未臻完美。因此我將這臺機器設為開源專題，希望其他人能改善這項設計。如果你有興趣參與或給予幫助，歡迎前往我們的教學網站，並協助建立OpenBraille社群。

時間：
一個週末

難度：
中等

成本：
210～300美元

材料

- **3D列印零件** 這裡提供免費下載3D檔案 thingiverse.com/thing:2586738
- **Arduino Mega 微控制板** 例如 Abra Electronics #A000067，abra-electronics.com
- **RAMPS 1.4 3D印表機控制板**，或稱 Arduino Mega 擴充板，Abra #3D-E-008
- **步進馬達驅動板（3）** Abra #MOT-A4988
- **限位開關（2）** Abra #3D-E-002
- **微型伺服馬達**，Abra #FS90
- **步進馬達，NEMA-17 size（2）** Abra #MOT-SM-17
- **直線軸承導桿，直徑8mm、長度400mm（2）** Abra #MP-R-07
- **T型導桿架，8mm（4）** Abra #MP-MRC-8
- **導螺桿，M8×400mm（2）** Abra #3D-H-011
- **連座軸承，8mm（4）** Abra #MP-MPB-8
- **直線軸承，8mm（4）** Abra #MP-SBS-8
- **彈性聯軸器（2）** Abra #1176-ADA
- **M3螺絲**，如 Amazon #B01MRP19TB
- **電源供應器附開關，12VDC 10A 120W**，Abra #PS-120-12V
- **墨水座**
- **釘子（3）**
- **六角螺帽（3）**

工具

- **3D印表機（可選用）** 前往 makezine.com/go/digifab-access 尋找能使用的機器或服務
- **高速旋轉工具 例如：Dremel 工具**
- **萬能鉗 例如：Vise Grip 握手牌萬能鉗**
- **中心衝**
- **焊臺**

[+]製作教學及影片：instructables.com/id/OpenBraille

[+]3D列印檔案：thingiverse.com/thing:2586738

[+]專題程式碼：github.com/carloscamposalcocer/OpenBraille

[+]追蹤開源點字印表機：makezine.com/go/open-braille-facebook

我們都「視」Maker

ARDUINO視障者專題
ski.org/project/blind-arduino-projectblarbl.blogspot.com
這是由史密斯．凱特維爾和Lighthouse Labs共同成立的組織，協助視障STEM學生和熱愛電子玩物的人，提供Arduino、程式設計及焊接等實作工作坊。

BABAMM：灣區視障者Arduino同好每月聚會
meetup.com/Blind-Arduino-Monthly-Meetup
由一群視覺障礙Maker定期舉辦聚會，分享專題及各種資訊

閱讀新科技

ELIA FRAMES FONT字型
theeliaidea.com
ELIA Life Technology以形狀辨識和羅馬字母建立的創新觸讀法，旨在增加視障人士的識字能力。

視障者協助工具套件
makerfairerome.eu/en/exhibitors/?ids=1762
由義大利高職學生設計用來協助視障者的電子元件，其中還包含自製的低成本點字印表機。

設計美好視界

ARDUINO智慧拐杖
diyhacking.com/arduino-smartcane-for-the-blind
以超音波感測器來偵測障礙物，並以手機震動馬達來提供觸覺反饋。

烹飪油溫警報器
makershare.com/projects/cookingoil-temperature-detector
這個用Arduino製作的裝置能提醒看不見的廚師油已經熱了。

穿戴式防燙偵測器
lepton.flir.com/community-showcase/hotguard
這個穿戴於手腕的裝置使用FLIR及超音波感測器，能檢測過熱物體並預防燙傷意外。

Christelle Fournier, Carlos Campos

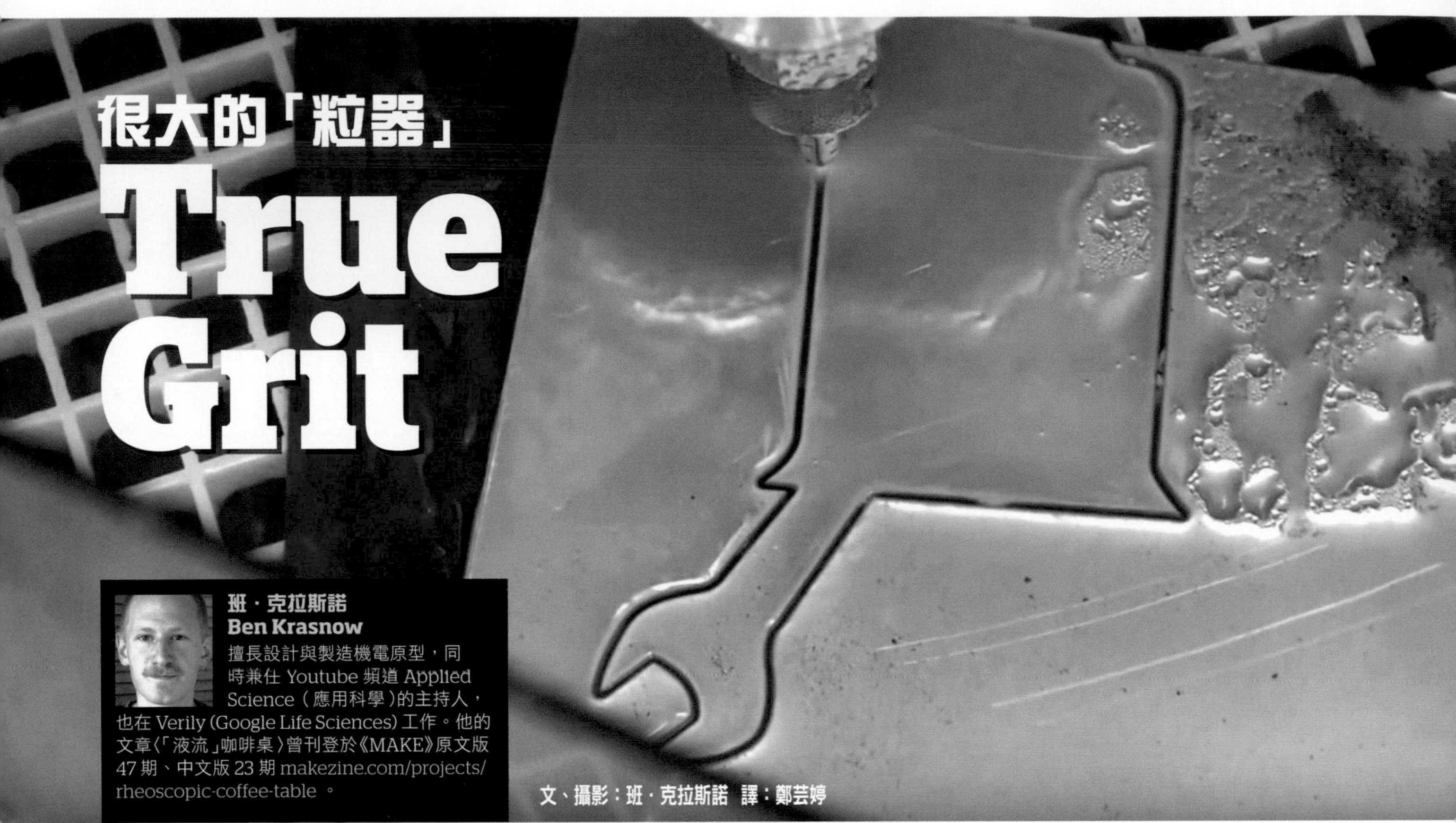

很大的「粒器」 True Grit

班·克拉斯諾
Ben Krasnow
擅長設計與製造機電原型，同時兼任 Youtube 頻道 Applied Science（應用科學）的主持人，也在 Verily (Google Life Sciences) 工作。他的文章〈「液流」咖啡桌〉曾刊登於《MAKE》原文版 47 期、中文版 23 期 makezine.com/projects/rheoscopic-coffee-table 。

文、攝影：班·克拉斯諾 譯：鄭芸婷

時間：
一個週末

難度：
中等

成本：
800～1,400美元

材料

- **汽油動力式高壓清洗機，3,100psi** Excell EPW2123100，Amazon #B01MZEIYM7
- **水刀切割頭** AccuStream #A2，accustream.com
- **水刀孔，0.025"** AccuStream #11007-025
- **水刀噴嘴，0.045"** AccuStream #12781-045-30，也就是俗稱的聚焦管。
- **高壓接頭和軸環，3/8"** AccuStream #WJN6600600 和 #13157-60-6
- **高壓清洗機軟管接頭** Amazon #B01MXW4GG9
- **石榴石砂磨料，粒度 80**，1磅約為1美元，eBay
- **水箱、閥和管子** 用於配送石榴砂流
- **不鏽鋼螺栓** 須符合切割頭尺寸
- **CNC 切割機／雕刻機／銑床** eBay 上有中國製的 3040T，價格 500 美元以下

工具

- 硬焊或熔焊工具、扳手、鑽床

用1,500美元不到的高壓清洗機打造一臺CNC水刀切割機

水刀切割機是大家夢寐以求的，無奈它又笨重又昂貴。因此，我一直很想嘗試用低成本的高壓清洗機打造一臺水刀切割機。去年，我在YouTube上用電動高壓清洗機示範，但馬達過熱而且抽水機又逐漸漏水。

所以我又試了一次，這次我用更強大的汽油動力機，總算是成功了。如果你在家跟著一起操作，我相信同樣也可以獲得很好的成果。

1.汽油動力高壓清洗機

這是完全未經修改的原產品（見圖A）。我從高壓清洗機中取出軟管，並將其連接到水刀噴嘴系統。每分鐘2.8加侖汽油可達到3,100psi的壓力值。

在水刀切割機中負責切割的是高速噴出的石榴石砂粒。它們愈快射出，切割的效率就愈高。因此水刀切割機才會用到3萬至9萬psi這麼高的壓力。我們的機器產生的壓力要低得多，但我們利用了更高的流速使其運作。

2.水刀切割頭

流速是由迷你的紅寶石噴嘴尺寸所控制，讓水流到水刀切割刀頭的後方（圖A）。好在這些噴嘴很便宜，所以你可以嘗試各種不同的尺寸。我選的是 0.025英寸的噴嘴，雖然比較大，但還是能讓高壓清洗機正常運作。

如果要連接到高壓清洗機，就要把高壓清洗機的軟管接頭硬焊或熔焊到合乎切割刀頭後方尺寸的接頭上（見圖B）。你有很大的面積可以把這些東西焊接在一起，才不會在壓力值到了3,000psi的時候分崩離析。

3.噴嘴

聚焦管即為切割頭底部伸出來的切割噴嘴。聚焦管的作用有點像是步槍的槍管，讓高壓清洗機使石榴砂粒高速沿著管子向下移動，並在結束時快速射出石榴砂。一般來說，你會希望噴嘴比孔口大個2.5到3倍。我買的是AccuStream最大的0.045英寸噴嘴，連 2 倍大都不到，但我還是成功了！

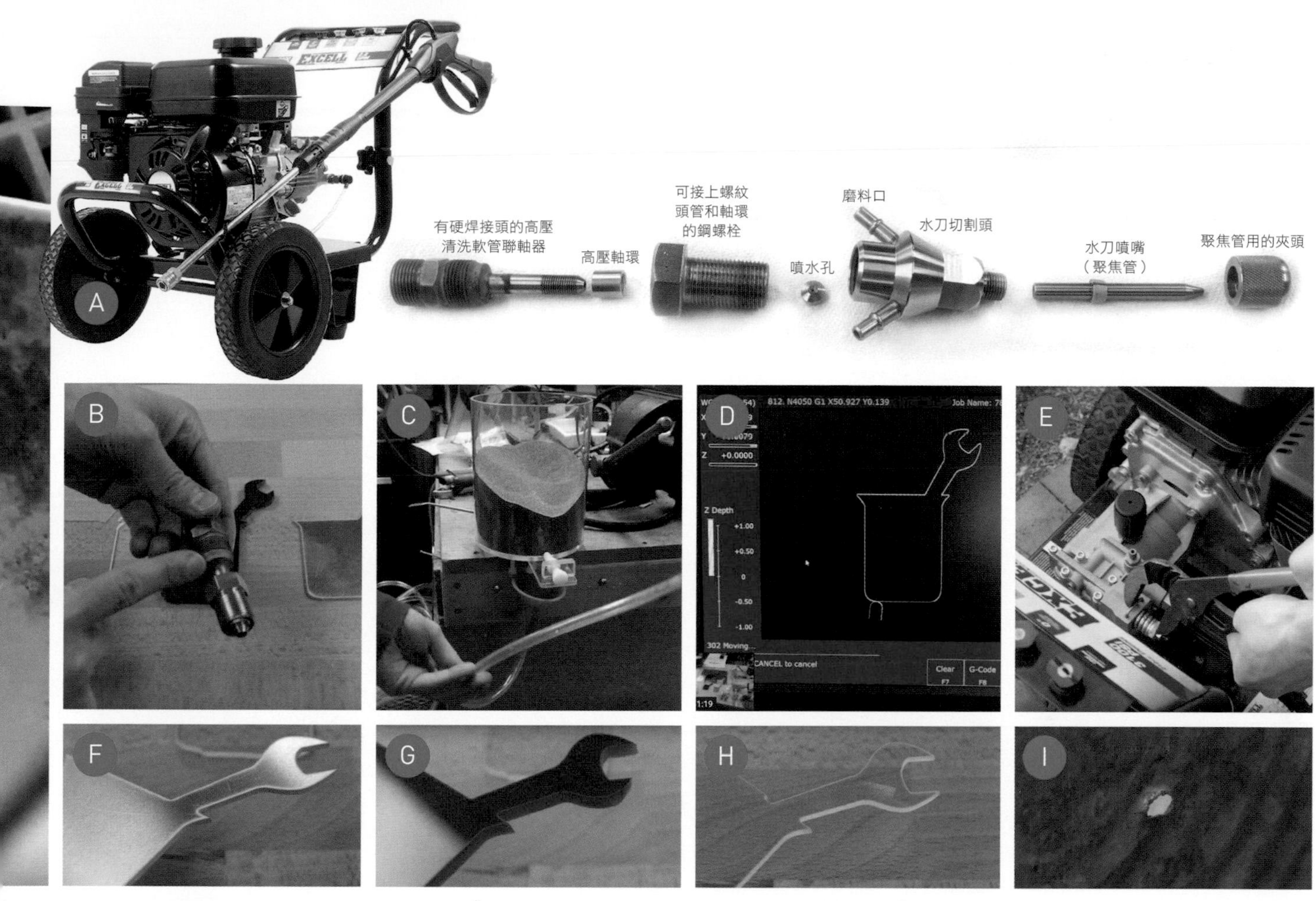

4.石榴石砂磨料

磨料的流速是關鍵。添加愈多磨料，切割的速度就會愈快，直到聚焦管裡滿是石榴砂而無法進行動量傳遞。我知道每分鐘添加0.4磅的磨料會有很不錯的效果，能以每分鐘2英寸的速度切割1/16英寸的鋁合金，但我覺得你可以把這個數字再調高一點。

我用了一個簡單的重力供給裝置（圖C），把水箱、閥和管子連接到切割頭的端口，利用吸力將磨料吸入其中。

磨料成本約為每磅1美元，因此以切割1/16英寸的鋁合金來說，每英寸約要花20分美元。如果要切割的材料更厚，價錢則更高，因為切割的速度比較慢。檢查一下你 Fusion 360的刀具路徑有多長。比如像是鏈輪那樣複雜的東西，還要把所有的小孔和齒數都加起來。

5.CNC工具機

eBay上有很多小型的CNC機，雖然不是特別強大，但其實很適合做水刀切割，因為切削力非常低。你幾乎不需要把工作組件鉗緊。

總而言之，要獲得一臺相當實用的水刀切割機，你肯定不用花費超過1,500美元。而且因為高壓清洗機是在正常範圍內使用，我覺得它可以用很久。

操作：

操作步驟超級簡單。啟動馬達，壓力就會上升。接著擠壓扳機，讓高壓的水流從噴嘴射出。然後再添加磨料流。完成後，再啟動CNC工具機，將噴嘴移到工件上（圖D）。

你可能會遇到一個問題：高壓清洗機有一個內建的卸料閥，當你鬆開扳機以阻止水流動時，該閥門就會繞過出口並讓水循環流動。我們使用的孔口比原本壓力清洗棒上的孔口要再小一些，因此卸料閥有時會在旁路和流量之間循環。要解決這個問題，你可以試著透過調節閥門來獲得較高的運作壓力，或者使用更大的孔口。我發現，只要用通道鎖鉗輕輕擠壓卸料閥就可以使系統順暢流動（見圖E）。

另外，場面會變得非常混亂。如果你切得太快而且水刀不能完全切過材料，那水就會噴得到處都是。慢工出細活是不變的道理。

成果：

精準度控制得很好，由於水刀很穩定，想切割出方正、平滑的效果，真正的關鍵在於你的裝置設定有多嚴謹，以及你的CNC工具機效能有多好。

我預估切口大小約為1mm，並且使用Fusion 360內建的CAM功能來產生G碼。

F鋁合金——這邊緣是機器直接切割出來的，我沒有額外磨平它。

G壓克力——切割的效果超棒的，與表面形成完美的90度直角。

H玻璃——大家都想用水刀切割機切割玻璃。切割後的成果也很不錯。你可以看到表面上看起來有點霜狀或霧狀，那是因為磨料被拋散出來。你可以用膠帶把你的工件貼起來，以預防這個問題。

I鋼——我用鍍鋅的鋼桶來裝切割機噴出來的水。

這個機器強大到可以在1英尺遠的地方把鋼桶打出一個洞，但更讓我驚訝的是，它又繼續在我車庫的水泥地上打了一個洞！

[+] 請參見DIY水刀切割機製作與運作影片：youtu.be/qAIDFaKhcZE

Skill Builder

專家與業餘愛好者都適用的提示與技巧

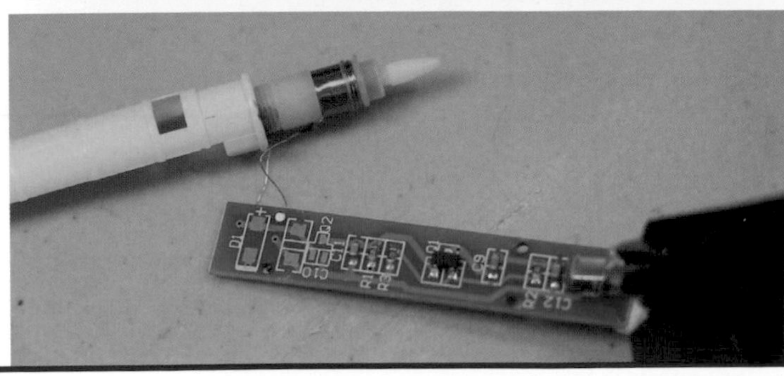

拆解平板 Tablet Teardown

Wacom跟Huion繪圖板內部到底有什麼？你能如何利用在專題上？

文、攝影：米卡・史考特　譯：張婉秦

現今我們周邊的電腦普遍都有電容式觸控螢幕與觸控感測器，而且也開始經常在DIY專題中使用到。當你把手指放到電話的觸控螢幕上，眾多位元的導電性讓耦合電容器產生小變化，而它就位於印刷在螢幕下方的薄透電極之間。這利於讓我們與口袋電腦快速簡單地互動，但主要目的不是精確性，且使用範圍基本上侷限於直接的接觸。

對創意工作來說，有一個執行輸入精確，握起來像一支筆的設備，是很有用的。這不像你在掌上電腦時代，用於電阻式觸控螢幕的塑膠棍子，它有較厚的紀錄針，內含形成特定參考位置的主動電路，可以被平板設備從遠處「看到」。這種筆普遍也附有按鈕與壓力感測器。

這些繪圖板或是手寫板自從1970年代就廣受數位設計師的歡迎，但是直到過去10年，或說價格降得夠低，終於讓它們引起硬體試驗的興趣。

Wacom是平板設備業界中最大的一家，它們有獨特的專利方法，讓數位筆的電路能從平板充電，因此，你就再也不需要重新充電，或是幫數位筆換電池。Wacom最新產品幾百美元的價格會讓你退卻，不過一個用過的CTE-450 Bamboo Fun tablet，搭配5.82×3.64英寸的操作區域，現在行情價只要15美元。

我們也查找了Huion（繪王）製作的產品當替代方案，平實的價格很受設計師歡迎。搭配10×6.25英寸的操作區域，H610幾乎足夠於用於一整頁的設計。這個設備操作簡單，搭配安裝電池的數位筆，其傳送連續波信號回到平板，售價介於50美元，及全新80美元之間。

手寫板如何運作

手寫板是藉由互感作用運作，數位筆跟平板就像變形金剛的各一半。如果你曾經閱讀過關於RFID卡，這可能聽起來有點熟悉，但是門禁卡的讀卡機只需要一個電圈，一臺平板需要的是一整排的電圈來感應數位筆的位置（圖A）。筆尖的內部可以看到一個繞了約30圈薄銅所組成的線圈（圖B）。平板的對應部分相對簡單一些，只有一些佈線位於電路板的一側。

這正是能夠製造簡易、價格合理平板的關鍵工程。線圈在執行時的作用其實是擔任兩個直立、低解析度的陣列，水平線圈在板子的一面，垂直的在另一面。平板的韌體會分別掃描每個座標軸來定位最強的訊號來源，利用相鄰線圈間訊號強度的模式，來預測觸控筆實際上在二維空間的位置。

因線圈的尺寸受限，平板只看到與數位筆訊號間微弱的連結。平板利用單鏈的放大器來過濾並強化這個訊號，並使用一排類比多工器晶片在所有線圈間分享訊號。因為沒有足夠的時間即時掃描每個線圈且保持交互的圖框率，韌體必須在數位筆定位時，迅速於較慢的搜尋模式跟較為精準的追蹤模式間交互變換。

Wacom與Huion的設計在這點上則開始分歧。Huion的數位筆是單晶體管振盪器。筆尖的壓力因調節感應器而將頻率從255千赫轉變成266千赫，而兩個按鈕開關搭配額外的電容器，則可以變成235或245千赫。

Wacom最簡單的數位筆就是一個共振750kHz的LC電路。為傳遞按鈕跟壓力的狀態，另外一個額外的數位電路板會調變共振阻尼，在每個載波爆發時，發送出感測器數據個別的位元。

想了解更多，可以到我的影音部落格（scanlime.org）觀看第12集（youtu.be/nPab7pbOhBY）與第13集（youtu.be/j4AKwJERxOw）影片；也可以參考期刊PoC||GTFO，13:4卷（archive.org/details/pocorgtfo13），了解一些CTE-450平板的極端反向工程與再利用等，甚至可以讀取RFID的電子標籤！

米卡・伊莉莎白・史考特
Micah Elizabeth Scott
（scanlime）
是個自造者、逆向工程師、影片製作人，以及網路直播主，喜歡拆解照相機，為貓咪製作複雜的機器人。

可以用它們做什麼

你可以拿繪圖板做很多事情而不需要修改任何一丁點地方。可以使用Raspberry Pi或Arduino搭配PWM仿作Huion的數位筆。利用一個電容器跟與750千赫共振的感測器，就可以仿作出Wacom的數位筆。

現代所有的平板都是USB輸入的裝置，但是因為網路協定的複雜性超出我們的領域，有個驅動器能了解個別平板規格的相容性模式，會很有幫助。在你的專題中使用平板最簡單的方法，就是將它連接上Raspberry Pi，如此一來Linux的evdev介面就可以支援Wacom、Huion以及其他許多平板。

你可以開始把平板視為一個絕對位置感測器，像是一對二維測徑器。如果你在3D印表機熱床上打造一個偽數位筆，就可以用DC馬達驅動X軸跟Y軸，用平板接收伺服器反饋。或是在不是很精確的機器手臂上加一支筆，然後把平板當成精確位置的反饋，來協助引導繪圖。利用手寫板一些些的位置反饋功能，即便是一個毛刷機器人都可以畫圖（圖C）！

一乾二淨 SHORT CUTS

讓**切斷機**物盡其用的各種訣竅

文：傑瑞米·庫克　圖：興銀·許　譯：編輯部

電動切斷機（power miter saw）常被誤稱為裁斷鋸（chop saw）。它們的運作原理大同小異，都能用來把一長段2×4或PVC管之類的材料切成小段，但是切斷機擁有幾項特色。首先最重要的是，切斷機鋸片是安裝在轉軸上，除了能以90°垂直切割，還能在物品上用調整過的特定角度切割──也就是miter（斜切）這個字的意思。切斷機通常也有類似旋臂吊鋸機的滑動機制，能在物品更大範圍的面垂直切割。

複合式切斷機亦可用轉軸讓鋸片偏離垂直軸心，進行鋸面或斜面切割（bevel cut）。結合這些特色，只要一臺機器就能進行精確的斜角切割。

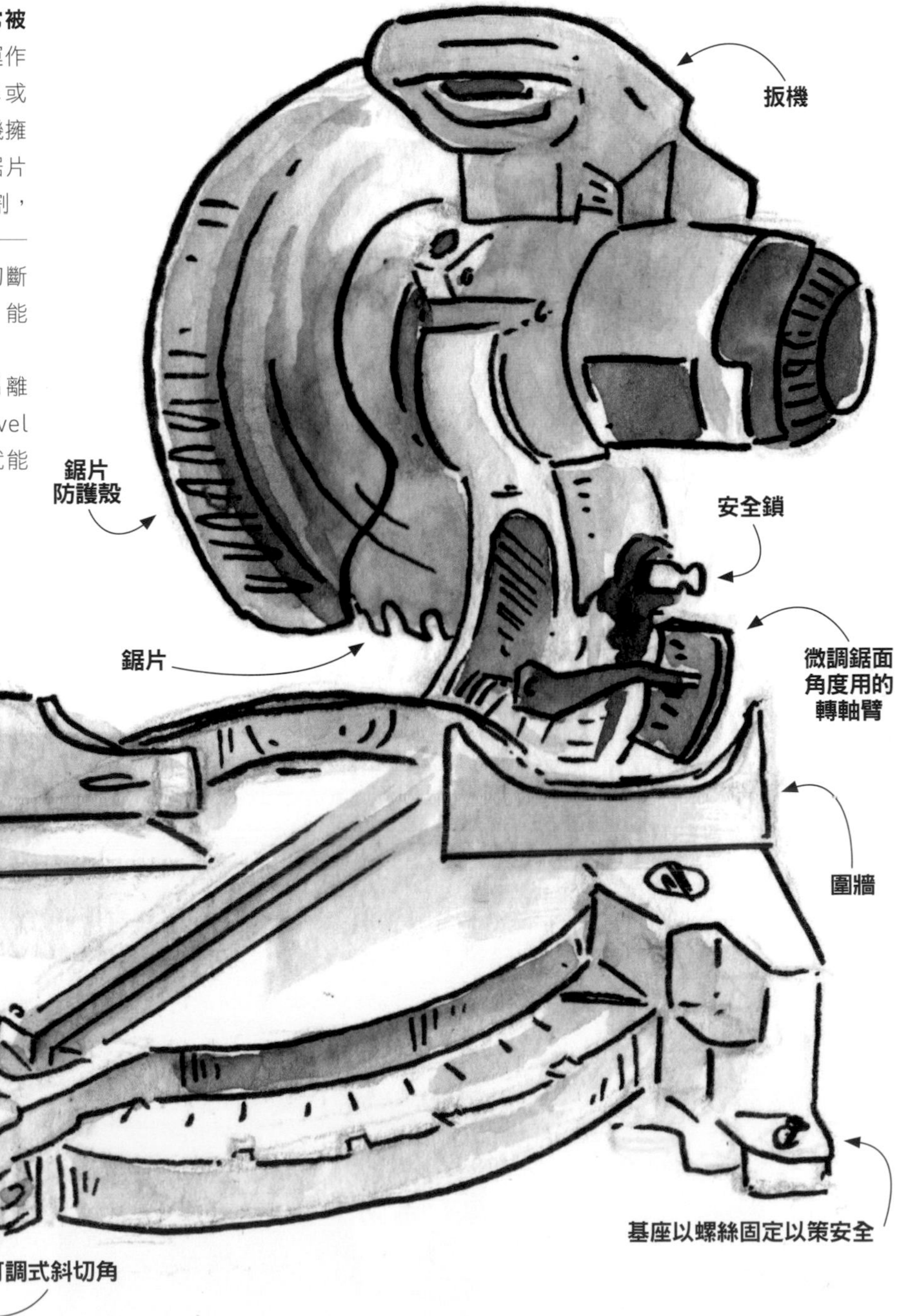

傑瑞米・庫克
Jeremy S. Cook
畢業於克萊門森大學機械工程學系，在自動製造產業有十年經驗。他為科技出版品撰寫文章，並致力於製作電子、機器人、CNC 與木工等相關專題。你可以上他的 YouTube 頻道或是用推特帳號 @JeremySCook 找到他的應用專題。

基礎用法

一般來說，要用切斷機鋸物品時，會用物品抵住「圍牆」(一道垂直的邊緣，讓零件在切割時可以自然靠著)，然後把鋸片往下置於物品上方，這時開關還是關著的。如果你的機種有雷射瞄準裝置就幫大忙了，但是要記得考量切割範圍的寬度，也就是切口(kerf)，尺寸才會正確。

所有切斷機都有可調整鋸片旋轉角度的機制，能根據零件外型切出漂亮的角度。複合式切斷機則有第二個旋轉軸心，讓鋸片以和鋸面不同的切角傾斜。因此複合式切割得以根據和圍牆和地板的角度，也就是斜切(miter)和鋸面(bevel)兩種不同角度切割。

安裝圍牆可以慢慢來，角度和切口精確最重要。這道圍牆應該是用四根螺絲固定在機器底座上。把螺絲全部鬆開，然後把最左邊的那一根再鎖緊，直到圍牆大致貼合但能稍微鬆動。這時先確認鋸片的位置已鎖住，接著用三角尺或機工角尺(machinist square)測量，確認鋸片對圍牆的角度正確無誤。再把其他螺絲鎖緊，完成後記得確認鋸片的角度仍然相同。

訣竅

在直的木條上切出漂亮切口很容易，不過其他材料可能就需要一點技巧：

» 先等待幾秒讓鋸片達到轉速再開始切割，能預防起始下刀不穩定及切口粗糙。
» 為了安全起見，在移開零件之前先把機器關掉。
» 如果你的專題需要許多尺寸一致的零件，要求精確更勝於速度，可以用軟頭筆在圍牆上零件切割的邊緣做記號，這樣就不用每次切割時再量一次。
» 製作夾具可以大幅提升重複切割時的精確度。把一塊木塊用螺絲固定在零件的起始位置，這樣每次都能切割得一模一樣。還可以直接把自攻螺絲鎖在鋸床上，就不會影響機器運作表現。
» 如果你想切割的零件並不平整(例如一端有接合零件的PVC管)，可能需要固定另一端，才能切得方正。
» 切割任何物品最好都用夾具夾住。
» 如果切割零件太薄或太小，可以用比較厚的廢棄材料搭配肘節夾(toggle clamp)，像夾心餅乾一樣把切割零件夾在中間。
» 如果需要削掉一點邊緣做收尾，可以等鋸片停止轉動，把材料緊貼鋸片。把鋸片稍微抬高，開啟機器讓鋸片轉動再壓低一次。這樣一來就能製造鋸片在轉動時會比停止時切口寬一點的效果。
» 如果切割範圍很大，可以把切割零件墊高，就會使用到鋸片更寬的直徑，能一次切得更長。
» 如果你的零件太寬，無法一刀完成，有時候切了一下可以輕輕抬起，再繼續沿線往前切。
» 為預防起始時下刀不穩，較窄的切割材料要以較平整的那面朝上，較寬的則要朝下。
» 可以在機器的排屑口接上車間用吸塵器。
» 每次切割都務必穿戴保護眼耳的裝備，避免頭髮散開和衣物寬鬆不整的情形。
» 選購切斷機時，要注意看鋸片轉動的機制。如果鋸片轉動軌道較長，與機器零件的距離會較寬以順利轉動。有些機種的鋸片靠摺疊機制(collapsing mechanism)移動，很適合空間較小的工作間。

Hep Svadja

貼出新感覺 STICK OUT

用桌上型切割機客製化你的獨特設計

文、攝影：赫普．斯瓦迪雅　譯：編輯部

由Cricut、Silhoutte、Uscutter等推出的桌上型切割機，現在成了受歡迎的手工藝工具。而搭配噴墨印表機或雷射印表機使用，更開啟一系列的手工藝新選擇，像是客製化貼紙、卡典西德，甚至是用於布料上的熱轉印貼紙，讓我們能盡情點綴、裝飾生活周遭。

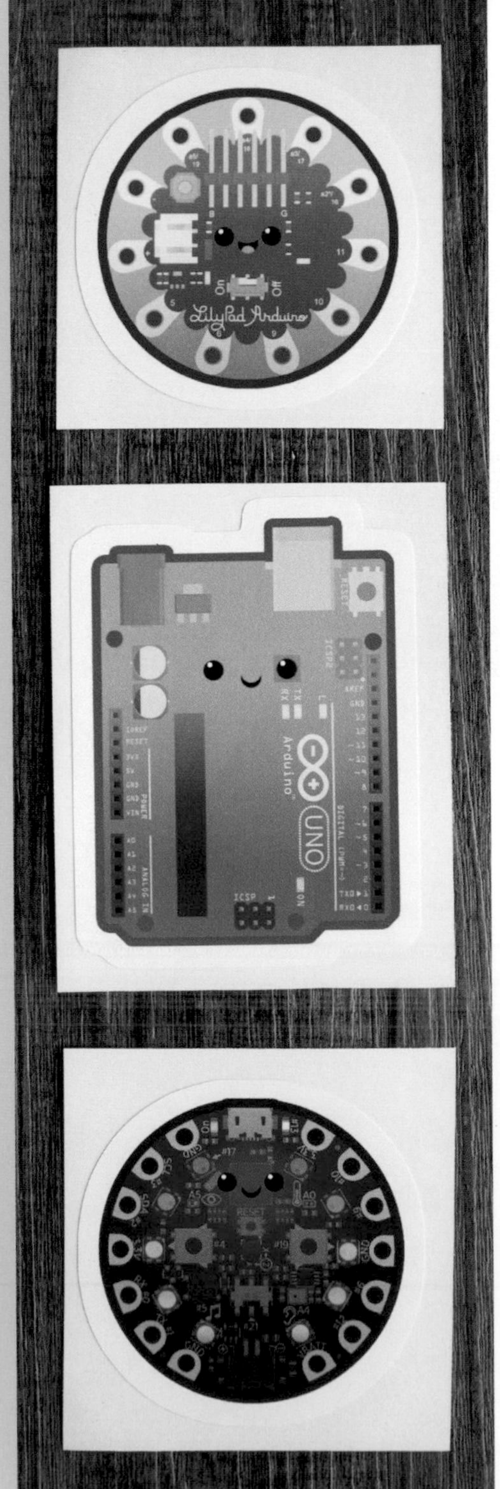

注意：製作你的數位設計時，請沿著設計圖案的周圍加入方形的切割邊界，我們稱裁切邊界（如上圖）。

A

B

C

軟體

有些桌上型切割機需要專用的軟體，而有些機臺能讓你輸入多種檔案格式。無論如何，你必須先了解向量圖與點陣圖之間的差異。向量圖利用點和線條來呈現並轉換你的設計圖案。因為圖形可以自動縮放，所以你能輕鬆把圖檔放大或縮小。點陣圖則是由一系列已預設位置的像素組成，因此很難放大圖形，因為容易遺失細節。

桌上型切割軟體傾向使用向量圖檔，因為比較容易轉成切割路徑，但多數軟體也能透過手動或自動提高對比來描繪點陣圖檔，設定切割路徑。

卡典西德

裁切標準的單色卡典西德不僅簡單又好玩，但分層使用卡典西德能讓你發揮無限創意，為設計增添多種顏色選擇，包括金蔥和彩色反光。

注意：如果你分層使用卡典西德，請在設計中加入方向記號，例如裁切記號或上、下記號，來幫助你對齊並放置每一層卡典西德。

將第一層的設計裁切出來，並用鑷子把多餘的紙張材料拔掉，把比較脆弱或容易分離的地方用力按壓固定（圖A），這個過程叫收割。將轉貼膠帶覆蓋在切割完成的設計圖案上，用刮水器讓轉貼膠帶緊緊黏住卡典西德（圖B）。然後把第一層的圖案放置在你想要的最終設計位置上，然後將轉印紙撕下並丟掉（圖C）。接著重複收割動作，將轉貼膠帶黏在第二層設計上。將第二層設計放置定位，好讓方向記號與第一層的方向記號對齊（圖D）。接

赫普．斯瓦迪雅 Hep Svadja
《MAKE》雜誌攝影師及影像編輯。空閒時，她是個太空狂熱份子、金工創作家，還是哥吉拉的迷妹。

Adoraboards design by Tamara Gray www.tammish.com

Tote design and photo by Susy Zambrano – Instagram: @susy1017

著依序加上你要的設計圖層，並朝著記號方向對齊（圖E）。覆蓋最後一層設計時請施加壓力，使每層設計牢牢固定，然後把方向記號去掉（圖F）。

熱轉印膠膜

熱轉印膠膜（HTV）專門用於轉印布料，是裝飾T恤與手提袋（圖G）和增添角色扮演圖案的絕佳選擇。和卡典西德一樣，你也可以分層使用HTV來創造更複雜的設計，但切記反覆模壓會使某些HTV材料收縮。為了避免這個狀況，請選擇耐高溫的HTV材料做為底層。

請使用平板熱轉印機或家用熨斗進行模壓，並在整個過程中墊一張多用途紙張或毛巾做為保護。快速熱壓每層設計圖數秒。最後一層膜壓完成後，再進行一次模壓，並將建議模壓時間減半，以確保所有圖層都牢牢固定。

貼紙

只要圖案擁有切割路徑，就能讓你創作客製化包裝材料、記事本貼紙，以及各種大小的造型貼紙（圖H）。在你的藝術設計中加入切割圖層，或是將貼紙設計輸入至切割軟體並繪製輪廓，產生切割路徑。

請先想好要把貼紙黏到哪裡，以及當你決定用哪種材料列印時，這些材料會暴露於什麼樣的環境。紙類的貼紙價格比較便宜，但會受日曬或潮溼而褪色。可列印的膠膜比較耐用，還可防水層壓，不過墨水還是有可能會褪色。使用耐久的顏料墨水能讓你的顏色鮮明持久，但它可能會使一些膠膜收縮，建議先測試看看。

不論是噴墨或雷射印表機，印刷出來的貼紙效果都很好。噴墨印表機往往有良好的顏色呈現與漸層，但墨水匣比較貴，可以嘗試自行填墨。雷射印表機則是線條精準、圖像品質好，雖然初期的購置成本較高，但隨著時間使用，碳粉花費會相對變低。不論你選擇哪一種印表機，請確保每次列印類型設定為紙張列印。

注意：不要把噴墨紙用在雷射印表機。這樣會導致膠膜材料融化，同時毀了你的設計和印表機。

更多創意點子

歡迎前往《MAKE》官網，學習如何用電腦割字機（Vinyl cutter）製作網版印刷（makezine.com/projects/vinyl-silk-screen-printing）、噴漆模板（makezine.com/2017/06/07/digital-stencil-design），甚至是客製化電路板（makezine.com/projects/vinyl-cut-pcb-resist）。

無論你想用割字機製作什麼，大多數製造商都會提供網路教學，讓你善用割字機。你還能在許多活躍的網路社群中尋求協助。

TOOLBOX

好用的工具、配備、書籍以及新科技

告訴我們你的喜好 ***editor@makezine.com.tw***

譯：謝明珊

FLIR ONE PRO 熱成像相機

400美元起 flir.com

FLIR ONE PRO是一臺可以搭配智慧型手機使用的熱成像相機。它能利用手機的處理器和螢幕，將熱感測器和手機內建相機混合生成數據。PRO機型可測量高達400°C，不管是觀察3D印表機列印床加熱，或是單板電腦負載CPU晶片處理不同冷卻機制都已是綽綽有餘。

雖然這還不算是低成本方案，但如果你手上的專題很注重加熱和冷卻等工程，FLIR ONE PRO可以為你省下數小時與恆溫器周旋的時間。

——麥特・史特爾茲

WORK SHARP磨刀機

60美元（Combo版）～150美元（Ken Onion版） worksharptools.com

所有刀子遲早都會變鈍，就連幾年前我買來犒賞自己的精製德國主廚刀也逃不過鈍掉的命運。而這個Work Sharp電動砂帶磨刀機特別吸引我，因為它有內建角度引導，Work Sharp還標榜凸磨過的刀刃，其鋒利度比平磨的刀刃更持久。我拿了幾把刀把基本的Combo版和最高級的Ken Onion版都試過一遍，很快就磨出我想要的刀子。甚至快到我把老婆家所有的刀子都拿來磨了。

Combo版提供25度角研磨和細粒砂帶，適合想要保持刀子鋒利的一般人。而若是刀刃使用已久、嚴重受損，或者想要不同角度的刀刃，Ken Onion機型能讓你更換不同砂帶和設定，讓你的所有刀具都能擁有極為鋒利的刀刃。但還是要謹慎使用，畢竟使用方法不對，機器仍會吞噬你的好刀。因此我建議從便宜的刀子開始練習吧。

——麥特・史特爾茲

PI-TOP 筆電

320美元起 pi-top.com

現在可以自己組裝的Raspberry Pi筆記型電腦套件非常多，而這個Pi-Top模組套件專為Maker量身打造。本身一覽無遺，套件內含的麵包板和零件還可以製作出三種專題，為使用者提供原型開發空間。他們還提供更多電子周邊產品，讓你客製化你的機器。套件的Raspberry Pi已預載pi-top作業系統和CEEDuniverse，一個以程式編寫為基礎的角色扮演遊戲。CEEDuniverse與pi-topCODER程式編寫系統，能為使用者建立全方位的學習環境。Pi-Top也能融入教育方面，它提供了課程設計工具和課程規劃，加上長達8小時的電池續航力，讓你一整天上課也沒問題。不過，這臺筆電不只適合小孩使用，我自己的實驗室也有一臺用於快速原型製作，省去攜帶HDMI螢幕的麻煩。

——赫普・斯瓦迪雅

BRICK 'R' KNOWLEDGE ARDUINO CODING SET 電子積木

245美元起 brickrknowledge.de/en/sets/engineering/arduino-coding-set

近年來我試過了許多系統，好讓我「輕易」把感測器和輸出端插入Arduino，以便快速模擬出電路。以磁鐵為主的方案，通常導致電路切斷或電路品質不佳，從插座插上或拔除電線也時常是個難事。Brick'R'Knowledge推出的Arduino Coding Set和它方便連接的大積木能解決這些問題。

這個套件包含45個積木，除了LED和按鍵等基本物件，還有繼電器開關和OLED顯示器等有趣零件。這套系統的核心是Arduino Nano，如果未來推出更好的新機型，或者你不小心燒壞電路板，都可以輕鬆升級。是Arduino的絕佳入門套件。

——麥特・史特爾茲

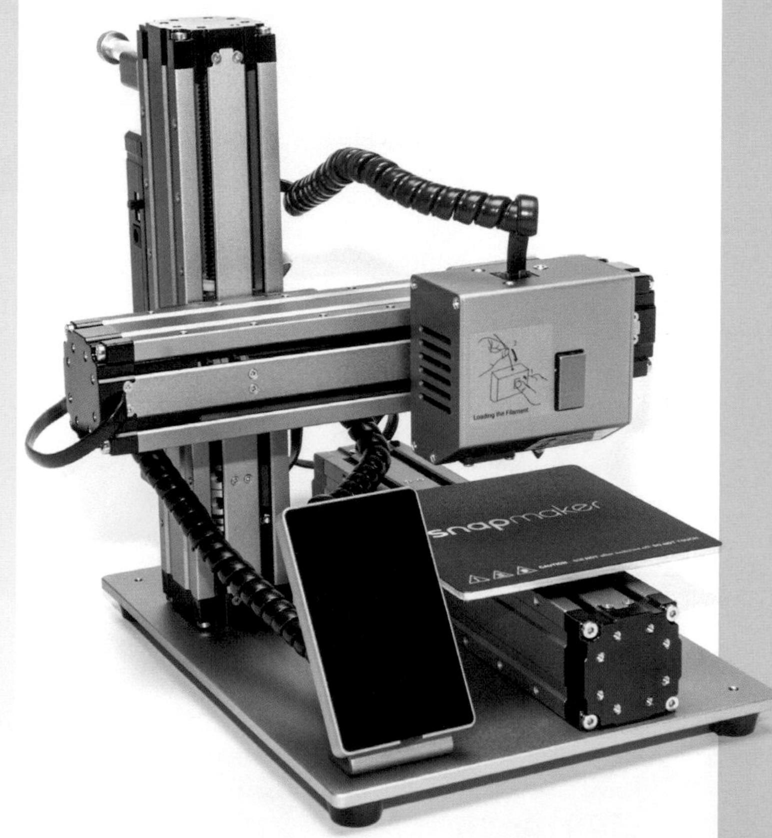

SNAPMAKER 三合一工具機

800美元起 snapmaker.com

Snapmaker是結合3D印表機、雷射雕刻機和CNC切割機的多功能機器。這已經不是我們第一次測試多功能機器，那些多功能機器能辦到廣告宣稱的所有功能，但往往使每個性能打折。不過我認為Snapmaker是個很棒的小型印表機。

Snapmaker套件附贈組裝所需的工具（一套六角扳手），我大約花45分鐘就完成組裝並操作機器。這臺小型機器只有125mm×125mm×125mm大小的3D列印平臺。它的高亮度、全彩液晶顯示螢幕，看起來更像手機而非印表機螢幕，一切連上電線後就能到位。雖然CNC銑削功能有些受限，倒是很適合雷射雕刻和3D列印。

若要替換工具，只要拿掉幾個螺絲，把原本的工具頭解開控制線即可，再換上新工具頭的電線，如果不用3D列印，就拿掉底板。

如果你錢夠多、空間夠大，那就分開購買雷射雕刻機、CNC工具機和3D印表機，但如果不想占空間又花大錢，Snapmaker會是你的首選。

——麥特・史特爾茲

SHOW & TELL

這些讓人驚豔的作品都來自於像你一樣富有創意的Maker

自造一年的樂趣來自於分享你做了什麼。想成為這裡的一份子嗎？快將你的專題分享至makershare.com，或在Instagram上面用#makemagazine標註我們。

文：喬登．拉米
譯：謝明珊

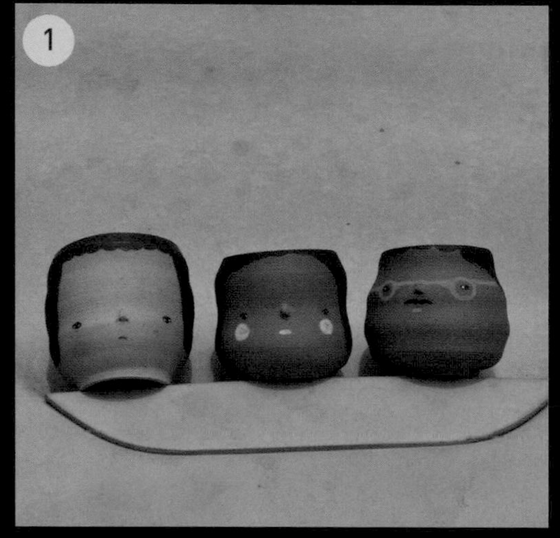

1

2

3

4

5

6

① **漢娜．沃德（Hana Ward）**與別人合開獨立陶藝工作室Uno+Ichi。現在只剩下她獨力經營，不過她的咖啡杯、杯子和花瓶上擁有淡定人臉和古怪的名字，目前這些有趣的作品正銷售全球。uno-ichi.com

② 記得電玩遊戲《樂高星際大戰》精彩的飛梭賽艇關卡嗎？**亞歷西斯．多斯．桑托斯（Alexis Dos Santos）**打造了一樣好玩的真實版飛梭賽艇。flickr.com/people/tkel86

③ **艾瑞克．M．湯普森（Eric M. Thompson）**親手雕刻並組裝這個永久翻頁日曆，並將影片上傳至他的YouTube頻道Measured Workshop。輕鬆一翻就能改變日期！ youtube.com/channel/UCvQcbUdIMoDc8tOG0drAupg

④ **HerArtSheLoves**打造客製化機器人。每個機器人都有自己的色彩個性，有的很無辜可愛，有的充滿活力又自信。theawesomerobots.com

⑤ 這些樂高星際大戰玩具經過重新設計。一旦偵測到動作就會開始移動、發光和製造聲音。**約書亞．齊瑪曼（Joshua Zimmerman）**至今已改造了X翼戰機、BB-8和ARC-170戰機。makershare.com/portfolio/joshua-zimmerman

⑥ 受吉卜力工作室啟發，**溫妮．拉文塔爾（Winnie Lavinthal）**以手作玻璃盆栽詮釋電影中的可愛生物。有些作品甚至會在黑暗中發光！etsy.com/people/Chocopup543

Uno+Ichi, Alexis Dos Santos, Eric M. Thompson, HerArtSheLoves, Joshua Zimmerman, Winnie Lavinthal

廣　告　回　郵
台 北（ 免 ）
字第13382號
免　貼　郵　票

100台北市中正區博愛路76號6F

泰電電業股份有限公司

Make: 國際中文版

※將此虛線對摺

黏 貼 區

請務必勾選訂閱方案，繳費完成後，將以下讀者訂閱資料及繳費收據一起傳真至（02）2314-3621或撕下寄回，始完成訂閱程序。

✂ 請沿虛線剪下

請勾選	訂閱方案	訂閱金額
☐	《MAKE》國際中文版一年 + 限量 Maker hart《DU-ONE》一把，自 vol.______ 期開始訂閱。※ 本優惠訂閱方案僅限 7 組名額，額滿為止	NT $3,999 元（原價 NT$6,560 元）
☐	自 vol.______ 起訂閱《MAKE》國際中文版 ______ 年（一年 6 期）※ vol.13（含）後適用	NT $1,380 元（原價 NT$1,560 元）
☐	自 vol.______ 期開始續訂《MAKE》國際中文版一年（一年 6 期）	NT $1,200 元（原價 NT$1,560 元）
☐	vol.1 至 vol.12 任選 4 本，__________________	NT $1,140 元（原價 NT$1,520 元）
☐	《MAKE》國際中文版單本第 ______ 期 ※ vol.1～Vol.12	NT $300 元（原價 NT$380 元）
☐	《MAKE》國際中文版單本第 ______ 期 ※ vol.13（含）後適用	NT $200 元（原價 NT$260 元）
☐	《MAKE》國際中文版一年＋ Ozone 控制板，第 ____ 期開始訂閱	NT $1,600 元（原價 NT$2,250 元）

※ 若是訂購 vol.12 前（含）之期數，一年期為 4 本；若自 vol.13 開始訂購，則一年期為 6 本。
（優惠訂閱方案於 2019 ／ 1 ／ 31 前有效）

訂戶姓名 ☐ 個人訂閱 ☐ 公司訂閱	☐ 先生 ☐ 小姐	生日	西元__________年 ______月______日
手機		電話	（O） （H）
收件地址	☐☐☐		
電子郵件			
發票抬頭		統一編號	
發票地址	☐ 同收件地址　☐ 另列如右：		

請勾選付款方式：

☐ 信用卡資料（請務必詳實填寫）	信用卡別 ☐ VISA ☐ MASTER ☐ JCB ☐ 聯合信用卡			
信用卡號	_ _ _ _ － _ _ _ _ － _ _ _ _ － _ _ _ _		發卡銀行	
有效日期	月 年	持卡人簽名（須與信用卡上簽名一致）		
授權碼	（簽名處旁三碼數字）	消費金額	消費日期	

☐ 郵政劃撥 （請將交易憑證連同本訂購單傳真或寄回）	劃撥帳號	1	9	4	2	3	5	4	3
	收款戶名	泰	電	電	業	股	份	有	限	公	司

☐ ATM 轉帳 （請將交易憑證連同本訂購單傳真或寄回）	銀行代號	005
	帳號	005-001-119-232

黏 貼 區